高

「五」部委级规划教材

空间室内设计

■ 刘静宇 主编

东华大学出版社

·上海·

图书在版编目（CIP）数据

公共空间室内设计 / 刘静宇主编 . –– 上海：东华
大学出版社 . 2021.4
ISBN 978-7-5669-1876-5

Ⅰ . ①公… Ⅱ . ①刘… Ⅲ . ①公共建筑－室内装饰设
计 Ⅳ . ① TU242

中国版本图书馆 CIP 数据核字 (2021) 第 039445 号

责任编辑：谢未
文字编辑：张力月
装帧设计：上海程远文化传播有限公司

公共空间室内设计
GONGGONG KONGJIAN SHINEI SHEJI

主编：刘静宇
出版：东华大学出版社（上海市延安西路 1882 号，邮政编码：200051）
出版社网址：http://dhupress.dhu.edu.cn
天猫旗舰店：http://dhdx.tmall.com
营销中心：021-62193056　62373056　62379558
印刷：上海颛辉印刷厂有限公司
开本：889mm×1194mm　1/16
印张：9.75
字数：312 千字
版次：2021 年 4 月第 1 版
印次：2022 年 8 月第 2 次印刷
书号：ISBN 978-7-5669-1876-5
定价：68.00 元

内容提要

　　本书共分为六章，结合大量图例详细介绍了办公空间室内设计、餐饮空间室内设计、酒店空间室内设计、休闲娱乐空间室内设计、商业空间室内设计的设计方法，通过引导案例引入每章的知识点，既有理论指导性，又有设计针对性，适应性较强；同时每章还设计了合理、实用的练习课题，用以锻炼学生的设计思维和能力，符合现代教育的发展趋势。本书既能为艺术设计相关专业的学生提供参考，也能启发和培养相关设计从业人员的思维意识和创新能力。

前　言

　　公共空间是与人们生活息息相关的空间类型，其室内设计是根据建筑物的使用性质、所处环境和相应标准，运用物质技术手段和建筑美学原理，创造功能合理、舒适优美、满足人们物质和精神需要的室内环境。从宏观上看，往往能从一个侧面反映出相应时期社会物质和精神生活的特征，同时也反映了历史文脉、建筑风格、环境气氛等精神因素。

　　综上所述，公共空间设计正处于一个向多元化、多层次方向发展的阶段，人们已不再满足于那些缺乏文化内涵、没有自身特色的公共空间。在国际化的今天，各种新的空间设计形式、新的技术和材料、新的时尚风格和人居环境概念正不断地冲击着这个领域，人们对公共空间的精神层面和文化内涵的追求也已经在潜移默化中展开。

编者

目录 CONTENTS

第一章
公共空间概述

学习要点及目标

- 本章主要针对公共空间的基本知识进行讲解。
- 通过本章学习，了解公共空间的序列、空间限定原则以及设计程序。

引导案例：

　　公共空间是给人们提供公共活动的场所，其环境的优劣直接关系到能否满足该环境下人们的物质活动和精神活动的需求。因此空间不仅被赋予使用的属性，还应被赋予审美的属性。空间艺术不像其他艺术那样直接，而是蕴含于整个空间与环境中，空间的艺术感染力由空间环境的总体构成来传递（案例 A-1）。

案例 A-1 商业空间设计

    本案例通过形态构成元素体现空间的造型艺术，点、线、面、体各元素按照一定的结构方式进行组合，比如各楼层间顶棚的"线"型反光灯槽设计增加了整体空间的灵动性，同时与之配合的镂空的"点"状设计有助于提升室内的空间高度感，并在形体上与地面的圆形图案相呼应。而整个空间中最引人瞩目的就是中庭带有天窗的顶棚，在形成良好的自然采光效果的同时，它巧妙利用自身结构，通过统一的设计元素与电梯巧妙结合，赋予其"线""面"的构成元素，并且通过不同的材质的运用，使这个空间中的构成"体"成为视觉重点。整体空间在满足使用功能的前提下，通过形态元素的设计组织，体现空间的艺术美感。

第一节 公共空间的定义

"公共"是相对于"私密"而言的，私密之外的所有领域和场所都可以理解为公共空间，是服务于公众的建筑空间。既然是服务于公众的空间则必须要具备公共性。首先从使用角度上看，属于公民集体活动的空间才真正具有公共空间的意义；其次，从公共领域角度上看，公共空间的共同性体现在作为城市公共生活的场所；第三，公共空间作为"空间"概念出现时，一般是指由结构和界面所围合供人们活动、生活、工作的"空"的部分。空间是物质存在的客观形式，由长、宽、高的维度表现出来的。

一、公共空间与室内的关系

室内设计的核心目标就是从满足人们物质和精神生活需要出发，为人的生活、生产活动创造美好的室内空间环境。公共空间作为室内设计的有机组成部分，应遵循室内设计的核心目标，由于功能的多样性、形式的多元化以及人文环境的全球化，公共空间环境设计必须遵循人性化的要求，但不管环境设计的风格、手法如何丰富，都应注重人在空间环境中的参与作用，这是时代发展的必然趋势。多元化并不是各种风格、各种思潮毫无节制地共同存在，其中必定蕴藏着起支配作用的主导思想，这是公共空间设计不变的原则。

二、公共空间的设计内容

公共空间在城市生活中居于比较重要的地位，与室内设计有着不可分割的联系，是人为环境设计的一个主要部分，也是对建筑室内空间的设计及再创造。通过理性创造的方法吸引不同阶层的公众进入其中，在相互平等、尊重的基础上展开沟通与交流。因此公共空间是一项社会性、艺术性、技术性、综合性很强的设计工作。其设计工作主要涉及以下几个方面：

1. 平面布局和功能关系分析

首先对原有建筑设计的意图需充分理解，对建筑物的总体布局、功能分析、人的流动方向以及结构体系等有深入的了解，在具体设计时对室内空间和平面布局予以调整、完善，以满足使用要求。

2. 空间组织和再创造

根据建筑物内部不同的使用环境，需要对室内空间进行有针对性地改造或重组。这也是当前对各类建筑物更新改建中最为常见的。

3. 空间造型美学艺术设计

公共空间应具有造型优美的空间构成和界面处理，宜人的光、色和材质配置，符合建筑物风格的环境气氛，这些都是满足公众对室内环境功能的需要的因素。

4. 构造工艺及做法

由设计变为现实，必须动用可供选用的地面、墙面、顶棚等各个界面的装饰材料，采用现实可行的构造工艺。这些依据条件必须在设计开始时就考虑周全，以确保设计图的顺利实施。

5. 空间艺术陈设和绿化

陈设品在室内环境中的实用性与观赏性极为突出，通常这类物体都处于视觉显著的位置，对烘托室内环境气氛、形成室内设计风格等方面起到举足轻重的作用。而绿化可以改善室内小气候、吸附粉尘，使整个室内环境生机勃勃，在带来自然气息的同时还能柔化室内人工环境，在快节奏的现代社会生活中具有调节人们情绪的作用。

6. 协调相关专业

对于设计师来说，虽然不可能全部掌握所有涉及的内容，但是根据不同功能的室内设计，应尽可能熟悉相关的基本内容，了解与室内设计项目关系密切的诸项因素，与相关工种的专业人员相互协调、紧密配合，确立正确的创作思想和方法，恰当地处理好功能、技术、经济和艺术等方面之间的关系。在做好公共空间设计的基础上，还要考虑地域特点、环境特色、民族传统、审美观点、规划要求等不同因素的影响。因此，公共空间设计的过程，是综合考虑诸因素，全面、统一地解决矛盾的过程。

案例 A-2 办公空间室内设计

该空间为某会计师事务所的空间设计，为了解决空间面积不足的问题，平面布局紧凑，选用双层玻璃隔断，既通透、隔音又节省空间，平面布局紧凑。装饰上选用随意灵活的装饰元素，可以缓解烦琐财务工作带来的紧张与枯燥。简洁的造型设计，还有效降低了建造成本。

第二节 公共空间的设计程序

由于公共空间设计的复杂性，为了达到既定的设计要求，设计师必须分阶段地完成设计任务。一套条理清晰的设计程序，可以有助于设计工作的完成。

一、设计前期的设计调研

调研，顾名思义即调查与研究。调查就是收集与设计对象相关的一切资料；研究就是从收集到的信息中找寻与空间设计相关的联系线索，作为方案设计的客观依据，总结设计要解决的问题与创意方向。

二、问题的分析与总结

空间设计作为形式设计的一种，往往被划分在美学的工作范畴。许多人认为空间环境的设计价值仅在于好看与不好看，但是好看与否并没有客观标准，试想甲方怎么会仅从主观的视觉感受角度认可你的工作价值？这就是现代设计与传统装修的最大区别：传统装修只为美而包装空间，而现代设计的核心工作却是要解决空间应用中存在的具体问题。因此，在设计前期发现问题与诉求，才是现代设计的关键。

我们以办公空间为例。假设面对一个游戏开发公司的办公环境，设计师会把思考重点放在哪里呢？如果仅为了美观，可以设计成许多的样式。如前卫、科技感、装饰许多动漫游戏人物海报等以突出设计主题的式样。这样思考设计没有错，但运用现代设计的思维还能做得更好。

现在，我们换一种思维来看待这个设计，通过调研先发现问题：首先，设计人员长时间面对电脑工作，辐射影响人员工作效率及身体健康；其次，创意工作需要创意氛围，呆板的工作环境只能约束员工的创新思维；再次，有限的空间场地使人员感到拥挤；最后，公司没有太多的资金投入到环境的装修。在总结出这些实际问题后，设计师可以考虑通过环境形式设计来解决问题。例如，通过一些旧物改造降低装修成本；通过合理划分空间使人员不会感到空间混乱，进而降低拥挤感等。最后通过整合的视觉形式设计将之前的这些设计点统一在一套方案里面，那么，这样针对问题而进行的设计更容易被甲方所接受，更能体现设计工作的价值。

三、创意设计阶段——通过创意为问题的解决指引方向

设计离不开创意，但创意往往被我们狭隘地理解为单纯的视觉形式的创新。这就使得许多设计方案都着重如何在样式上推陈出新，却忽略了设计工作本源的价值追求——发现问题，解决问题。一个装修样式上的创新最多使我们眼前一亮，对比在使用上解决实际问题的设计，就显得不那么重要了。所以最好的创意应该是为解决问题提供设计方向。

四、形式设计阶段——摆脱常规思维的束缚

设计过程中占据主要工作量的环节正是方案的形式设计环节。在面对造型、色彩、材料、肌理、视觉比例等方面问题的时候，通常受设计师个人的审美因素影响较大。除此之外，已存在的常规形式观念也会影响我们的具体设计。现代设计强调功能决定形式，设计师如果始终不脱离"功能"这一设计本源，就不会单纯地陷入只为形式而形式的设计怪圈。最简单的思维改变方法就是每当你设计任何形式的时候，都要自问一句：为什么这么设计？如果能抛开个人的主观感受，说服自己接受这样的形式设计，那么这个方案也更容易被甲方所接受。例如，因为对房间隔音效果的需要，选用吸声材料而不是常规木作或喷涂；因为节电的需要，要增加灯光的反射效率，因此空间选择反光性能强的浅色材质等。因果关系的形式设计对于设计初学者而言最容易把握，也最符合实际的需要。

但是，在功能全面满足的同等条件下，还是要靠空间视觉形式一分方案的高下。设计师可以利用人们的视觉习惯、色彩搭配原理以及个人文化审美素养来完善形式。这里值得一提的是，许多设计方案在形式创新上会通过对材料使用方式的深入挖掘以达到令受众耳目一新的效果。通俗来讲就是常规材料的非常规使用。如地板上墙、废旧材料再利用等。总之，通过具有一定视觉冲击力的形式满足相应的空间功能，通过形式设计找寻功能与审美的契合点，这才是形式设计阶段的工作重心。

图 1-1 办公空间设计

图 1-1 中的整个办公环境全部由纸板构建。纸板材料塑造出的工作环境，其氛围不仅没有让人感觉廉价，反而使人产生了打破束缚的想法。

五、评价与改良，深入设计的门径

对于设计初学者，深入设计时总会感觉不得门径。他们不担心没有好的想法，而是不知道如何去完善设计。评价与改良正是解决这一问题的好方法。在设计方案时往往由于思路的发散延伸，在设计一段时间之后就会偏离最初的设计初衷。而且，过于从单一角度探讨设计对象也会使设计发生偏颇。如设计方案时只考虑甲方的需求，而没有考虑甲方公司未来客户的感受，或没有从施工者的角度来审视过方案，亦或是设计方案没有解决最初拟定要解决的问题等。通过系统地评价各阶段的设计方案，有助于设计师更全面地掌握自身方案的优缺点，在把握主要设计方向的同时，考虑周全各个设计的细节。

一气呵成的设计方案并不多见，方案修改一直都是令设计从业者心烦的事情之一。之所以这样，关键还是"修改"与"改良"的区别。方案的修改一定要依托系统客观的评价，向着"改良"的方向进行，要找出问题的根源有的放矢。如一套设计方案甲方总不满意，不是感觉空间呆板，就是觉着修改后过于凌乱；对于材质与色彩也总是不满意。我们如何来看待这种情况呢？首先，甲方的挑剔不无道理，只不过问题根源未必在甲方所指出的"问题点"；其次，仅是就形式改形式的修改，不能称作"改良"，因为它的改动并不具备向良性转变的实质价值。甲方对空间摆放的不满意可能源于对活动秩序的担心，而对于材质色彩的挑剔源于设计师缺少更良性的比较。当甲方纠结于水磨石还是瓷砖、深灰还是浅灰的时候，只要本着哪种选择更良性的原则，很大程度上设计师就可以通过改良使甲方满意。这里的"良性"标准不仅仅是材料的质量，还包括工艺可行性、易于维护程度、与其他材料搭配的视觉舒适度、材料成本等。

设计初学者只有通过一次次的评价与改良，才能磨砺自身对设计的掌控力，向着成熟设计师的目标一步步迈进。

本章小结

本章主要对公共空间的基本知识进行了阐述，使学生对公共空间有一个理性的了解，有助于学生更好地理解后面的专题设计。

◎思考与练习

1. 公共空间设计包括哪些具体内容？
2. 简述公共空间的设计程序。

第二章
办公空间室内设计

学习要点及目标

- 本章主要从多个方面对办公空间的室内设计进行全面详细的讲解。
- 通过本章学习，了解办公空间的室内的自身功能特点及设计要求。

引导案例：

    当今社会人们停留在工作空间的时间越来越长，办公空间已不仅仅是创造财富与价值的工作空间，也成为人们信息交流、扩大交往的社会场所，因此办公环境的设计要以人为本，讲究环境气氛的舒适、自然。同时，办公环境也是企业或机构宣传其机构形象和企业文化的重要窗口。所以，办公环境的整体要求要符合行业从业人员的审美情趣，在遵从行业形象的基础上，进行富于个性的设计变化（案例 B-1）。

案例 B-1 办公空间设计

　　一张长条桌贯穿整个工作空间，所有员工都在同一张桌子上办公。虽然这条蜿蜒曲折的桌子实在是太长了，但它能很好地表达出开放、创新与探索的氛围。这个超级桌子就是一个摆脱传统、大胆创新的象征。

第一节 人体工程学在办公空间的运用

针对办公环境的设计，解决好"坐"的问题至关重要。在坐具的选择上，我们不能只看样式，尺度与结构也是坐具设计很重要的一面，并且不能以"舒适"作为唯一标准。对于坐，我们的一些坐感具有欺骗性。短暂的"舒适"也许会对使用者的腰椎、颈椎及坐骨神经产生损害，如果坐高与桌面的距离不合适，还会引起肩胛骨的劳损。与人体结构不符的坐具设计可能会引发一系列的问题（图2-1）。

一、如何更好地坐着工作

在整个办公空间项目的设计中，办公座椅的设计往往被忽视。如果只从现成的模型库或产品库中进行选择，设计师也许会错过一些设计亮点。从人机工程学的角度对办公座椅改良，有利于凸显针对特定环境下的人性化关怀。如图2-2中的一款大会议室排椅设计，在厂家原有的产品基础上，改良了靠背颈部的结构。中间下凹的设计与单独硬度棉芯的组合，可以方便使用者短暂后仰，对长时间会议中缓解颈椎疲劳有很好的作用。

二、"作业空间"的研究

在办公空间的"人、物、环境"三者研究中，体现空间利用效率的成果较多。首先是对收纳功能的重视。通过对日常办公活动的跟踪记录，影响空间利用率的重要因素之一就是超出预期的物品储放问题。如果公司没有专门的档案室或库房，文件几乎是永远递增的态势。尽可能地充分考虑储物收纳的方式是提升空间利用率的重要方面。并且有效的收纳可以方便环境保洁，从辅助层面减少空间的拥挤感。

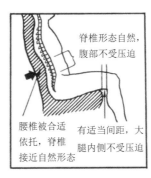
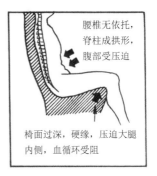
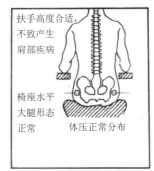
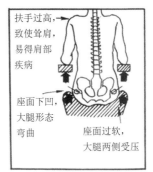

图 2-1 与人体结构不符的坐具设计可能引发的问题

图 2-2 大会议室排椅设计

其次是利用人的心理习惯创造合适的空间感。人类保持不同距离的象征，可分为亲密距离、个人距离、社会距离和公众距离。根据不同的距离象征可以合理安排人与人活动的间距。当空间无法满足社会距离时，就可以通过隔断增加陌生人之间的社会距离。再例如靠背选择，人们在环境中喜欢背后有靠山、身旁有依凭的空间，这样容易产生安全感。因此，当办公隔断的划分能有效建立这种感觉时，就能产生空间的舒适感。

再次就是办公方式的创新也能很好地解决空间利用问题。常规办公方式摆不开的空间，可以尝试改变办公方式来适应空间的狭小。美国硅谷的很多雇主把原本需要坐着的办公桌，改成站着也可用的"站立式办公桌"（Standing Desk）。其桌面比起传统办公桌高稍许，当然久站也是对身体有影响的，因此在脸谱网（Facebook）的站立办公体系中还包括一把高脚椅子，员工如果累了也可以坐在原先准备好的高脚椅上休息（图2-3）。

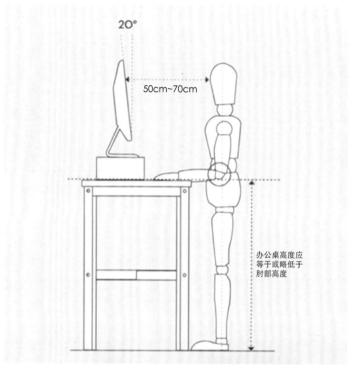

图 2-3 站立式办公桌

三、舒心的工作环境

人们对工作环境的评价主要来源于自身的感知。因此，要创造舒心的工作环境，首先要了解办公人员的感知，并针对其特点进行预设。

1. 环境与心理

空间环境的形式设计是影响员工感知的一种重要途径。这与人的心理过程有关：感觉—知觉—记忆—想象—思维—情绪情感—意志。在这一过程中，记忆、想象、思维环节对设计最为关键。通过感知，人们先进行记忆，为了方便记忆，人们会参考之前的其他记忆进行联想，不同的联想会引发相应的情绪。如果通过形式引发受众好的联想，那么就能相应地产生积极情绪，反之则会产生负面情绪，进而影响工作。若办公空间整体环境偏灰暗，就会引发灰败、颓废、尘土等负面联想，产生糟糕的潜意识情绪；当环境明亮时，则会引发阳光、整洁、积极的联想，进而触发愉悦的潜意识情绪。具体空间形式亦是如此，一些行云流水的曲线可以使人联想到祥云或流水，进而会使人产生气运恒通或财源广进的潜意识情绪；直角、方角的空间及物体造型则会使人联想到规矩，产生严谨局促的潜意识情绪。

以下是一些通过具体设计形式影响使用者心理情绪的案例（图2-4、图2-5）。

图2-4　自然元素设计形式

　　图2-4为森林里的秘密办公室。在满是树叶的大森林里，有一个时尚又舒适的办公区域。宽大的办公桌、面积广阔的空间以及自然景观的引入，使得工作环境不再令人烦躁，反而拥有了些许向往。

图2-5　多元素设计形式

　　图2-5利用许多易于引发联想的设计元素，使员工在工作中保持情绪轻松。

2. 压力与创造力

面对工作中的压力，员工很多时候都是在进行自我调节，而工作中的创造力发挥更多流于口号。如果仅将压力与创造力归结为员工的个人问题，这种思维是极其短视与片面的。压力与创造力在某种程度上与人们所处的空间环境有关，而办公室空间的冷漠是最直接的问题来源。

在办公环境设计上，设计师会考虑功能、视觉形式，甚至成本造价，但很少关注环境的冷漠。现在许多办公环境都未考虑融入一些有人情味的设计元素。当员工在工作中遇到困难时需要怎样的环境来静心思考，什么样的环境能促进员工交流沟通，什么设计可以使员工产生强烈的归属感，而什么设计在逆境中可以体现出对员工的默默关怀与鼓励。人情味设计就要站在员工的角度思考其心理感受。例如一些公司设置按摩室、健身房，甚至体育游艺活动区，这些都是为了给员工减压的人情味设计。如果鼓励加班，那就要设计好加班的服务配套环境；如果鼓励创新，就要在环境中首先垂范，正所谓不破不立，连工作环境都不敢打破常规，员工何来勇气大胆创新？个人的工作环境也应体现个性化，在自己的办公隔断里应提倡员工进行个人 DIY 装饰、分享照片、添置植物等，既能增强员工归属感，又能促进员工之间的交流。

图 2-6　特色办公空间

　　本案例为某特色办公空间。在这样的空间下工作，员工们可以更享受当下（图 2-6）。

第二节 办公空间设计要点

办公空间，泛指一切适用于办公活动的空间场所。其设计的一个重要目标就是为工作人员创造一个舒适、方便、安全、卫生、高效的工作环境，以便更大程度地提高员工的工作效率。与其他室内设计专题相比，办公空间的个性化差异却是最难设计的。为了避免"千屋一面"的办公室印象，要从设计方法的角度去理解设计要点，而不是记忆或照搬已有的设计模式。

一、方案设计直观体现办公场所的属性

由于办公活动是一个笼统的概念，不同的办公活动体现的场所属性并不一样。营业性办公活动、创意性办公活动、管理性办公活动等，这些不同办公活动的场所可不仅仅是办公桌与椅子的简单组合。空间环境在体现适合办公这一活动属性的同时，还要区分体现所从事办公活动的特色属性。一个成功的方案甚至可以通过特色场所属性的表达，增强该办公活动的氛围，进而达到提高工作效率的目的。

二、功能空间划分明确合理

只有明确合理的功能空间划分，才能提高空间的使用效率。做到这一点需要从两方面入手：一是依据办公活动的功能需要，以及各功能区之间的关系，使各个空间区域通过划分体现出明确的功能属性；二是通过虚拟代入办公活动的方式，检验各个功能区之间的关系是否合理。当设计方案划分功能空间之后，如何确定各功能空间的位置关系，是空间划分的另一个重点。这些空间的组合

图 2-7　办公空间——体现办公属性

本案例为某电子产品创新体验中心设计。条线装饰元素使人联想到信息传输。简洁的空间造型预示着极强的现代感，光元素的应用体现媒体世界的丰富多彩，整体场所呈现高科技的意味，符合其业务属性（图2-7）。

分布并没有唯一性的标准答案，只有越来越倾向于合理的布局结果，往往设计师把握一个空间布局的合理性，就是通过虚拟代入办公活动的方式。例如前台接待区、设计办公区、资料室、会议室四个区域之间的关系，代入人员活动情况之后，可以分析出这样的结果：由于上班打卡以及外来客户的活动需要，前台接待区要在各功能空间序列的最前面；设计办公区与资料室，两个区域的活动最为紧密，因此这两个功

能区最好靠在一起；而作为会议室，办公区的设计团队自身会用到，为客户讲方案也会用到，因此会议室应设在方便外来客户到达，同时也方便设计人员到达的空间位置。按照空间序列安排，首先是前台接待区，再是会议区，然后是设计办公区，最后是资料室。这种提高效率的设计，我们可以认为是增强空间合理性的一种选择。

图 2-8　办公空间——功能空间划分

在本案例的设计中，整体空间通过一条贯穿走道连接在一起，其设计亮点是在每个分区的中心设计了圆形节点空间，通过空间节点辐射各功能区，使分区的区域感更明确，空间秩序感更强（图 2-8）。

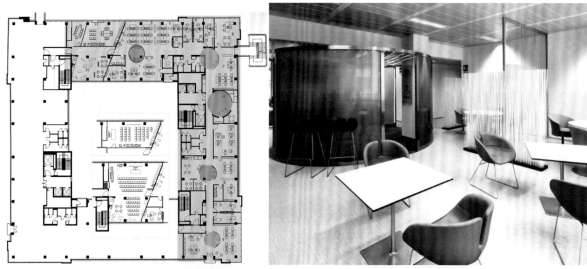

三、空间形象符合企业文化形象

企业的软实力通常体现在其文化形象的积累与表达上。现代企业将自身形象的塑造看作是企业经营活动的一部分。甚至有助于企业形象塑造的企业形象识别系统（CIS），也被看作是企业经营管理的重要方法与标准。基于企业对自身形象事无巨细的诉求，其办公场所的空间形象与该企业的文化形象更需要保持一致。如企业文化中有致力于环保的形象理念，那么在办公空间的设计上就要有节能、减排、健康、高效的形式体现。过多地使用人工照明与材料堆砌，尽管空间视觉效果会很好，但实际上却背离了企业形象的初衷。

图2-9 办公空间——体现企业形象

为了体现其新潮有趣的企业文化，案例中的空间完全不似常规办公室的环境样式，但其轻松休闲的氛围、多姿多彩的环境，恰恰凸现了该企业的形象特色（图2-9）。

四、材料工艺可实施性强，且成本可控

空间设计作品的价值最终体现在实际环境中，而不能仅仅停留在图纸上。因此，只有能施工出来的方案才算得上是真正的设计。许多停留在概念阶段的设计方案不被市场认可，其实并不是概念设计得不好，而是受到工艺、材料等影响导致无法实现，使得一些好的想法被摒弃。这里所提倡的设计可实施性强，并不是保守地反复使用现今已经成熟的材料、工艺或套路来进行设计，而是在设计概念方案时，连同材料与工艺一起设计。如今许多成熟的设计师都对材料工艺有着自己独到的经验积累，在依托常规工艺结构原理的基础上，各自尝试不同材料的常规与非常规组合，进而创造全新的视觉及功能效果。由于受甲方的预算制约，每一个办公空间的设计项目不可能为了效果而大量投入装修资金，因此，在效果与成本之间需要设计师来平衡考量。

图 2-10　办公空间——材料的选择运用

图 2-10 中的设计方案一改常规的顶部处理方式，采用纱幔吊顶，既增强了空间的亲和力，又很好地控制了建造成本。

第三节 办公空间的室内设计创意

办公空间的规划与设计在空间分配、界面处理、材料使用、灯光布置、植物配置等方面均要满足工作性质的业务处理与效率要求，同时也要符合人们的行为习惯，从而创造一个理想、高效、舒适且具有情趣的工作环境。

一、办公空间的功能分区及其特点

由于各行各业的工作内容有很大不同，其对办公环境的具体分区也各不相同。一些常见的办公环境一般包括以下几个功能分区：前台接待区、员工办公区、管理层办公室、会客室、会议室、茶歇区、卫生间、库房等。

前台接待区是整个办公环境的门面，一方面对外展示形象，另一方面满足接待问询、员工考勤等必要功能。一般办公室主人往往希望传达给客户三个感觉：实力、专业、规模。而这三个感觉的第一印象与前台区的设计密切相关。除了需要在空间视觉上加强形式感的设计外，在整体空间面积的分配上也要精心考虑。受使用面积影响，或因为前台的实际功能不如办公区重要，往往在平面布局时，过多压缩前台接待区的空间面积。这种做法看似提高了空间使用效率，实则会影响客户对该企业的实力印象。

员工办公区是办公环境构成的主体，在平面布局时所分配的空间最多。员工办公区实际上是各个办公部门整合的统称，在设计中，最重要的是合理地规划各个部门办公空间的位置面积。由于办公流程的不同，这些部门之间的联系程度也不一样。根据其相互联系的紧密度，合理安排各部门之间的位置，有助于提高办公运营效率。

管理层办公室是相对高端的办公环境，一般在整体空间划分时占据较好的位置，包括朝向、风景、私密性等。管理层办公室的空间形象在整个方案的设计中起到画龙点睛的作用，不仅要向客户展示企业形象实力，同时还要显示管理者或老板的品位素养，形象既对外又对内，向员工传递着一些必要的潜意识信息。同时，对于管理者来说，需有舒适便捷的办公环境来满足自身的工作需要。

会客室、会议室都是用于集体商谈讨论的工作空间，在整体办公空间面积不足时，两个功能空间也会合并成一个空间使用。在设计时一方面要充分考虑合适的面积，这与员工人数、实际应用需求有关；另一方要考虑人与人的应用状态与方式。最终决定是亲和力强的散点布局自然围合式，还是严肃严谨型的报告会式；是圆形围合，还是矩形围合，或是异形围合，这都要从会议会客所要达到的具体目标出发。一般灵活可变的会议室环境较受青睐，结合适当的配套设备，如投影设备、饮水机等，能更好地满足客户需求。

茶歇区、卫生间、库房，这些都属于办公环境中的辅助功能空间。此区域的设计关系到整个办公环境的实际使用品质。茶歇区的设计可以使员工劳逸结合，适当的设计不仅不会影响员工的工作效率，反而能增强员工对企业的归属感，还可以避免加班时在办公区造成的凌乱。库房也是一个很有必要的功能空间，且其重要性只能在办公环境实际运行后才能体现。随着时间的推移，办公耗材、杂物会越积越多，如果没有库房来安置物品，势必会影响到其他办公空间的环境效果。卫生间的设计也是辅助空间里的重头戏。区别于居住环境下的卫生间设计，其应具备一定的公共性设计原则。除了常规的卫生间功能外，还要考虑正衣冠、补妆等功能需要。为了能保持卫生间的整洁，设计应尽量考虑便于清洁维护的造型与材料，避免使用过于鲜艳的色彩，尤其是容易引发不好联想的色彩，如红色、褐色等。

　　平面布局设计一般由功能分区开始，然后逐步细化，这也是由宏观设计向微观设计转化的过程。从功能分区入手的平面布局设计，更容易把握整个方案的设计合理性。

二、办公空间的界面处理

　　随着装饰材料、工艺的不断完善，界面材料及工艺等方面的设计难度开始逐渐降低。设计师在琳琅满目的材质、花色中进行选择时，不妨尝试两种方法进行辅助。一是因果关系选择法，即为你的选择找寻客观因由。界面材料的客观选择总体上受视觉效果、工艺可行性、环保需求、造价等几方面因素影响，只要遵循一定客观分析的结果作为选择材料与工艺的依据，最终的界面效果也容易在设计师的控制范围之内。二是主观感性对比选择法。同样是靠主观感受进行选择，但这种方法最大的区别在于"对比"。当我

图2-11　办公空间——功能分区体现特点

　　此平面布局方案就是按照典型的功能关系进行分区分布（图2-11）。如大门接待区到公共办公区，管理人员办公室在公共办公区边缘，会议室，独立围合等，一切都以建立工作秩序为空间划分的基础。

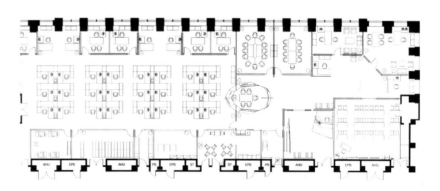

们感觉一种材料很好的时候，先不要轻易作出决定，因为下一刻或之后遇到其他材料时，也会有"较好""还行""有意思"等感受。我们将这些都有"感觉"的材料放在一起，并尝试不同的组合进行对比，选用其中"感觉"最突出的材料。这种辅助选择法也能帮助设计师作出较为稳妥的选择。当然，两种方法相结合使用效果最好。

三、办公空间的家具选择

功能是选择家具的一大亮点。办公家具的功能不仅仅限于写字办公，还包括是否便于清洁维护，是否安装方便、运输方便，是否有多种组合形式的可能，材料是否环保，对于长时间使用者能否减轻机体劳损程度，价格与价值是否匹配等。

仅仅是功能上的满足还不能帮助我们挑选到合适的家具，对于家具的样式还要看其与整体环境的搭配效果。要做到"疏密结合，繁简有致"。一般情况下，简洁的环境搭配一些样式稍为复杂的家具，在视觉上能增加紧密的肌理，形成繁简对比，容易满足受众视觉舒适的要求。当然这种繁简对比尽量避免 1 ：1 的平均分配，不论是繁还是简，总要有一种肌理占据视觉表象的大部分，这样才能够保证最终的视觉效果统一。

图 2-12 办公空间——界面处理

图 2-12 中以黑色、红色、黄色肌理材料与反光材料进行组合，突出高档、稳重、大气又不失现代感的特点。

图 2-13 办公空间——利用家具协调整体环境

办公空间中的家具的色调可以弥补空间黑白关系的不足，使整体色阶丰富自然（图 2-13）。

最后，在选择搭配的过程中不要忽视光的作用。"光"通过光影塑造空间，使家具等事物与环境融合，在选择家具时务必要考虑其在光影影响下的视觉效果。有时一些自带人工光源的办公家具，虽然外观简洁，但一样能成为环境中的视觉焦点。

四、办公空间室内照明

办公环境的照明系统设计多强调功能性，灯具造型简洁、整体，光源的布置也是以背景性和环境性的均匀照明为主，以保证整体的舒适度，使工作人员保持平和、稳定的良好状态。

由于办公环境中的工作多以文案处理为主，因而工作台面所需平均亮度较高，一般情况下，普通办公环境所需的平均照度为 300lx，专业绘图桌面则需 500lx 的照度。相对于走廊、卫生间等只需 50 ~ 100lx 照度的公共活动区域，办公环境的照明亮度要求有时仅借助于自然光亮是无法满足工作需要的，尤其是处于远离采光口或者间隔板在较高的位置时，需要人工照明系统进行亮度的补充。由于办公空间多以高效、简洁为主体的装修风格，因此，办公空间中的人工照明系统的光源多来自顶部，或垂吊或嵌入于顶棚之中，以提供通透明亮的整体性空间亮度，灯具的位置与亮度分布基本上是结合空间结构以及工作区域的分隔而进行对应性的布置，以保证每个工作区域都能得到均匀的照度。

此外，如绘图、修复、阅览等有额外要求的工作区域，则需增加台灯、射灯等专属性的照明灯具来增加局部的环境亮度，但专属照明的亮度与环境亮度的对比不宜过强，以免造成眩光，引起视觉疲劳。

虽然办公环境还是多以功能性的人工照明为主，但是一些视觉中心、突出企业形象的空间造型，还是需要装饰照明来烘托形象氛围。灯槽、灯带、灯箱、重点射灯等都是装饰照明常用的手段，虽然在相互搭配上并没有绝对的标准，但是它们的组合效果却都遵守一个共通的设计原则，那就是对比统一原则。

图 2-14 办公空间——人工光环境的运用

图 2-14 中环境构成界面极其简洁，突出了灯光的渲染效果，使空间舒适且富有节奏感。

图 2-15 办公空间——人工光环境的运用

图 2-15 中条状灯带与条状肌理装饰的结合、装饰照明与各种彩色墙的搭配，无不显示出装饰照明强大的提升空间品质的作用。

Tips

单面采光的办公空间进深不大于 12m；双面采光空间中，对面采光口的间距不可大于 24m。对于办公空间的不同功能区域而言，其自然采光口的尺寸要求也因功能及性质而有所不同：会议室的照明亮度要求较高，其直接采光侧窗与地面的面积比例不小于 1：8；设计绘图及资料阅览空间的窗地比例不小于 1：5；一般性行政管理办公区域的窗地比例不小于 1：4。

案例 B-2 办公空间设计

　　本案例为某办公空间设计，简洁的四壁，结合书架墙、黑板、坐具、自行车等，虽然都是毫不相干的元素，但是混搭在一起，就形成了独特的轻松氛围。这种氛围某种程度上可以激发员工的创意思维，提升工作效率。整体设计具有现代感，营造出轻松的工作氛围。

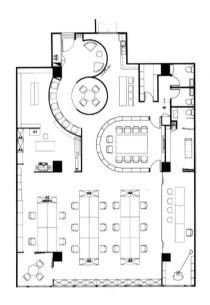

案例 B-3 办公空间设计

　　案例中的中式传统文化元素塑造出人文氛围，直接影响了员工们的审美层次与工作状态。该办公环境在员工休息区、客户接待区、重点办公室等区域，设计尤为注重文化氛围的塑造。

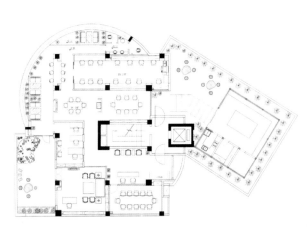

本章小结

　　本章从多个方面对办公空间室内设计进行了较为详尽的阐述，针对办公空间室内的自身功能特点及设计要求进行了深入的分析，使学生对办公空间室内设计有一个全面的了解，有助于丰富学生对办公空间室内设计的形象思维，并提高设计能力。

◎**思考与练习**

1. 如何创造出一个舒适、方便、安全、卫生、高效的工作环境？

2. 简述办公空间的设计程序与方法。

3. 办公空间设计方案的评价应遵循什么原则。

第三章
餐饮空间室内设计

学习要点及目标

- 本章主要从多个方面对不同类型餐饮空间的室内设计进行全面、详细的讲解。
- 通过本章学习，了解餐饮空间的总体规划创意、人体工程学对餐饮空间室内的影响以及不同类型餐饮空间的室内特征。

引导案例：

　　随着社会经济的发展，人们对于生活品质有了更高的要求。人们在餐饮方面不再满足于普通的吃，还要追求精致的餐饮装饰风格，享受舒适愉悦的进餐环境氛围，这些都对现代餐饮设计提出了更高的要求。一个成功的餐饮空间设计，首先需要围绕主题风格进行创意和艺术处理，其次在空间的实用功能、装饰手法、色彩造型、装饰陈设和灯饰配置等方面进行系统化的雕琢和处理（案例 C-1）。

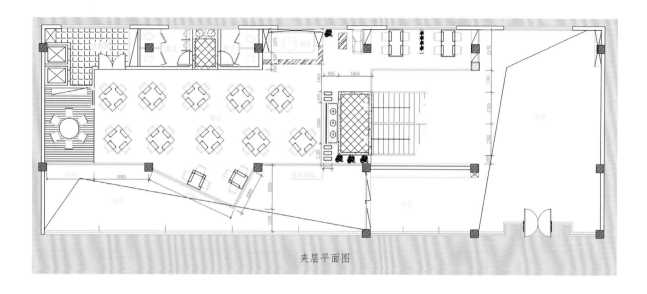

夹层平面图

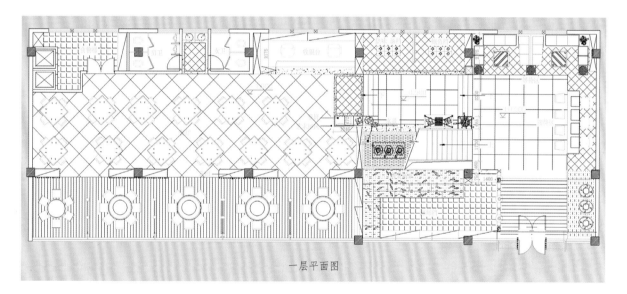

一层平面图

案例 C-1 餐厅空间设计

　　本案例在整体空间上分为一楼、二楼及夹层部分。设计师在空间组织上打破传统式垂直动线的空间布局，在构造空间中考虑到大厅天花板的高度问题，一楼的大厅部分运用"下沉式"设计，既使大厅与夹层高度得到相适应的比例，又使大厅给人以得当的感官效应。夹层的构建，不仅能增大空间的利用价值，还能体现出界定空间的意涵，也强化了空间层次感和灵活性。而在二楼中，走廊的墙壁上镶铺的黑镜，起到增加空间的渗透作用。

　　整体设计采用大量实木构建出不同形状的天花板，使用富有纹理的墙纸，这一和谐搭配使整体空间显现了质朴的文化情怀，产生出超然脱俗的气质。

1. 入口

2. 接待区

3. 一楼就餐区

4. 夹层区与二楼走廊

第一节 人体工程学在餐饮空间的运用

餐饮空间中家具是其室内环境的重要组成部分，与餐饮空间室内环境设计有着密切关系。首先，要考虑满足人的使用要求；其次，无论是设计家具还是选配家具都要首先考虑餐饮空间的整体环境，应与整体环境相匹配。因此，家具的功能应具有双重性，既有物质功能，又有精神功能。前者除满足人们就餐、就饮及相关后勤操作活动功能外，还具有划分空间、组织空间的作用；而后者在设计中也很突出，在体现整体空间设计风格的同时，为就餐环境增添艺术美的感受，营造特定的环境气氛。

一、餐饮空间的动线设计

动线主要是指顾客、餐厅服务人员及物品在餐厅内的行进方向路线。因此，可将动线区分为顾客动线、服务人员动线及物品动线（图3-1）。

1. 顾客动线

顾客动线应以从入口到座位之间的通畅无阻为基本要求，如果行进路线过于曲折、绕道，会使顾客产生不便感，而且容易造成混乱的现象，间接影响到顾客进餐的情绪和食欲，一般来说采用直线为最佳。还可在区域内设置落台，既可存放餐具，又有助于服务人员缩短行走路线。

2. 服务人员动线

服务人员动线是服务人员将食物端送给顾客的活动路线，设计时应尽量避开顾客动线及进出路线，以免与顾客发生碰撞。尤其是上菜的路线，应该有明显的区隔。比如在设计时服务路线不宜过长（最长不超过40m），避免穿越就餐空间。在大型的多功能厅或宴会厅可设置备餐廊。

3. 物品路线

餐饮空间物品及食物原料的进出口及动线应与服务人员动线及顾客动线完全分隔开，以免影响服务人员的工作或打扰顾客的用餐。最好是另辟专用进出口及动线，并以邻近厨房及储存设备为主要设计参考标准，这样一来，不但能节省人力、物力，还可以在短时间内将物品和食物原料做最适当的处理。

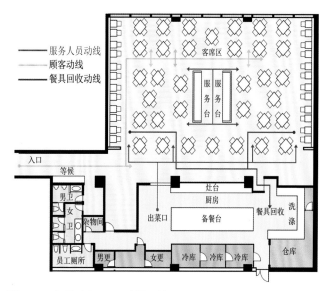

图 3-1　餐饮空间——动线设计

二、客席的平面布局

餐饮空间的平面布局要满足顾客就餐、交通、工作服务等功能要求，把客席紧凑有序地安排在空间里。

1. 客席布局的秩序感

秩序是客席平面布局的一个重要因素。理性的、有规律的平面布局，能产生井然的秩序美。规律越是单纯，表现在平面上的条理性就越严正；反之，要是比较复杂，表现在整体平面形式上的效果则比较活泼，富于变化。

2. 考虑顾客组成，使客席灵活多变

不同餐饮空间其主体顾客组成不同，客席的布置要针对本身的主要顾客组成来设计。例如写字楼及商务公司附近的高档餐厅，其客源以商务宴请为主，以应酬为交往目的，餐桌多布置为正餐宴请方式，8～10人桌为主，部分为4～6人桌，并配以包房（1～2桌），以示宴请人对宾客的尊重，并使环境气氛不受干扰。而位于购物中心的餐饮空间，多数快餐的顾客以女性及年轻人居多，餐桌布置应以2～4人桌为主，还要设置些单人餐桌，使每组顾客都有自己的领域感，避免与陌生人同桌进餐。

餐桌的布置还应有灵活性。当每组客人人数较少时，可布置为2人、4人桌，一旦有需要时又可拼为6人、8人、12人的条桌。有的包房可以分为两桌，根据需要设置活动隔断，变为一桌的单间等。

图 3-2　餐饮空间——客席布置的秩序感

图 3-2 中的整体设计在满足空间使用功能的条件下，通过地面与顶棚的高差，利用通透的隔断、自然的景观、结构柱体等，将餐饮空间划分为若干个既有分隔又相互联系的空间。再在每个小空间里布置客席，整个空间布局既有整体的秩序感，又有各自的变化，使置身其中的人们可以感受到丰富的视觉效果，增添了用餐的情趣。

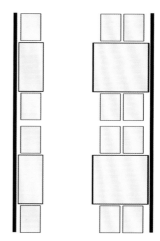

图 3-3 餐饮空间——竖型客席

三、客席的配置形态

一般客席的配置形态有竖型、横型、横竖结合型、点型等,这些配置形态要根据餐饮空间的规模和气氛来选用。

1. 竖型

竖型是客席的基本形态,其客席构成单纯明了,利用率高,多见于一些小面积的餐饮空间。这种形式的客席构成和气氛虽略显单调,但对于员工来说,因为服务路线只有一个方向,所以服务较方便,且服务效率高(图 3-3)。

2. 横型

横型多在一些自我服务的快餐店或自助餐厅及茶艺馆的客席配置中采用。如果是主动服务的情况,那么就存在服务路线无法方便到达客席中间的问题(图 3-4)。

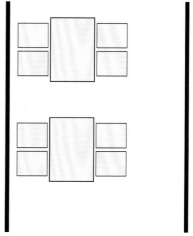

图 3-4 餐饮空间——横型客席

3. 卡座

这种客席形态是咖啡厅客席构成中多见的形态，每个卡座设一张小型长方桌，两边各设长条形高背椅，以椅背作为座与座之间的间隔。这种客席形态的优点是可以形成变化丰富的客席布置（图3-5）。

4. 点型

点型是比较灵活的一种摆放形式，它可随需要增减或移动。此种形式适合在大厅的中间摆放和设置，给人以轻松的心理感受（图3-6）。

餐饮空间内客席的平面布局根据立意可有多种布置方式，但都应遵循一定的原则，有两点必须注意，即秩序性与边界依托感。前者从秩序条理性出发，后者是考虑人的心理需求。

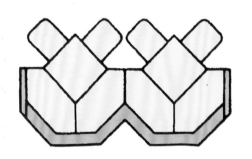

图3-5 餐饮空间——卡座式客席

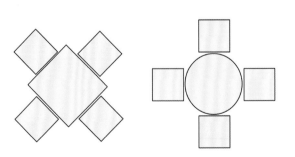

图3-6 餐饮空间——点型客席

Tips

所谓"边界依托感"也就是常说的"边界效应"，它是从"个人空间概念"这一理论引申出来的。心理学家萨姆（R.Sommer）通过研究指出：每个人的身体周围都存在着一个既看不见又不可分的空间范围，当这一范围受侵犯与干扰会引起人的焦虑与不安。这个"神秘的气泡"随身体移动而移动，一般来说，个人空间范围前部最大，后部次之，两侧最小，因此从侧面更容易接近他人。所以，在餐饮空间室内布局时，应尽量围合出各种有边界的餐饮空间，这种边界既可以是某个垂直实体，如窗户、墙体、花池、水体、栏杆、灯柱等，也可以通过象征性的分隔形成虚拟空间，给人以心理上的依托感。关于这方面，宴会厅是个例外，宴会厅以全体参宴者的交往为目的，餐桌布置要有利于交往应酬，形成热烈氛围，不必以边界来明确个人空间领域与私密性，因此餐桌可四面临空，均匀布置。

案例 C-2 餐饮空间——室内客席依托边界布置

此设计的特点是为餐桌营造出各种边界，尽量避免餐桌四面临空，为客人提供既能交往，又有个人空间领域的餐饮空间。首先尽量使餐桌靠窗、靠墙布置，并创造出不同的围合感，如空间四周的餐桌尽量靠墙布置，并加以象征性的分隔，营造视野开阔的氛围，可将室内外的景致尽收眼底。而中间餐桌以座椅靠背依托形成边界，围合出一个个以餐桌为单元的小环境。

四、餐饮空间的常用尺寸

根据人体尺度，客席的布置主要考虑以下问题：客流通道和服务通道的宽度，客席周围空间的大小等。对于自助餐厅来说，还要考虑就餐区域与自助餐台之间的空间距离。对于酒吧来说，主要考虑售酒柜台与酒柜之间的工作空间、酒吧座间距、酒吧座高度与搁脚的关系、与柜台台面高度的关系等（图 3-7、图 3-8）。

1. 餐饮空间常用尺寸（图 3-9、图 3-10）

（1）餐饮空间服务走道的最小宽度为 900mm，可通过空间最小宽度为 450mm。

（2）餐桌最小宽度为 700mm；

    4 人方桌 900mm×900mm；

    4 人长桌 1200mm×750mm；

    6 人长桌 1500mm×750mm；

    8 人长桌 2300mm×750mm。

（3）圆桌最小直径：

    1 人桌 750mm；

    2 人桌 850mm；

    4 人桌 1050mm；

    6 人桌 1200mm；

    8 人桌 1500mm。

（4）餐桌高 720mm；

    餐椅座面高 440～450mm。

（5）吧台固定凳高 750mm；

    吧台桌面高 1050mm；

    服务台桌面高 900mm；

    搁脚板高 250mm。

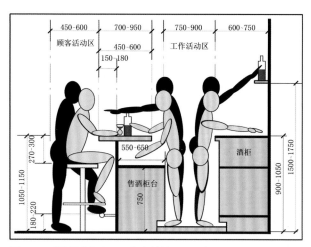

图 3-7 酒吧座间距尺寸（单位：mm）

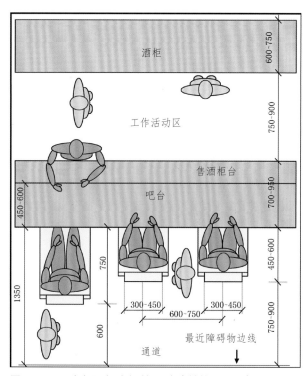

图 3-8 吧台与酒柜之间的尺寸（单位：mm）

图 3-9 餐饮空间——客席布置通道尺寸（单位：mm）

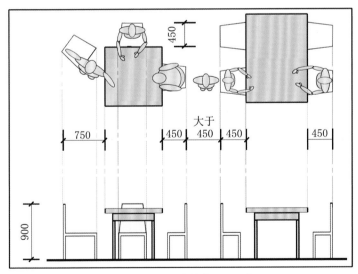

图 3-10 餐饮空间——过道尺寸（单位：mm）

2. 桌边到桌边（或墙面）净距的规定（图 3-11）

（1）仅就餐者通行时，桌边到桌边的净距不应小于 1350mm；桌边到内墙面的净距不小于 900mm。

（2）有服务员通行时，桌边到桌边的净距不应小于 1800mm；桌边到内墙面的净距不应小于 1350mm。

（3）有上菜小推车通行时，桌边到桌边的净距不应小于 2100mm。

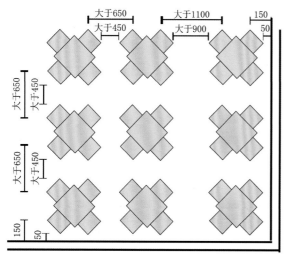

方桌斜向布置

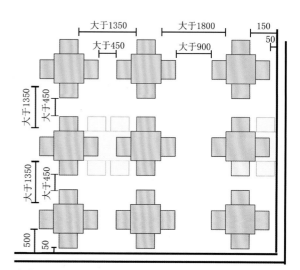

方桌正向布置

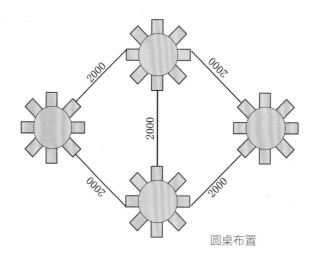

圆桌布置

图 3-11 餐饮空间——桌边到桌边（或墙面）的净距（单位：mm）

第二节 不同风格餐饮空间的室内设计

一、传统风格餐饮空间室内设计

1. 风格特征

东方传统餐饮空间设计风格，以中国为代表。在室内空间中通常运用传统形式的符号进行装饰与塑造，既可以运用藻井、斗拱、挂落、宫灯、书画、传统纹样等装饰语言组织空间或界面（图3-12），也可以运用传统园林艺术的空间划分形式，以拱桥流水、虚实相形、内外沟通等手法组织空间，营造出浓郁的传统气氛。

2. 平面布局与空间特色

传统中式餐饮空间内部的总体布局在空间分隔上应有利于保持不同餐区、餐位之间的私密性不受干扰，就餐空间应与厨房相连，方便菜品的传送。餐桌形式有4人桌、8人桌、10人桌、12人桌等，以方桌和圆桌为主，并配以扶手椅等家具（图3-14）。

图 3-12　中式餐饮空间 —— 中式风格

图 3-13　中式餐饮空间 —— 园林艺术的体现

图3-13中将水体引入空间并设置一叶小舟，同时用景观绿化的手法对内部空间进行较为通透的分隔，使人们仿佛置身于园林景观之中。

传统中式餐饮空间内部的平面布局可以分为两种类型：以宫廷、皇家建筑空间为代表的对称式布局和以江南园林为代表的自由与规整相结合的布局。

（1）宫廷式布局采用严谨的左右对称方式，这种布局空间开敞、场面宏大，装饰风格与细部常采用或简或繁的宫廷做法，如斗拱、红漆柱、沥粉彩画等，经过提炼塑造出庄严、典雅、敦厚方正的宫廷效果，同时也通过题字、书法、绘画、器物等，借景摆放，呈现出高雅脱俗的境界。整体风格隆重热烈，适于举行各种盛大喜庆宴席。

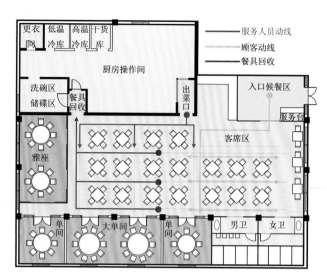

图 3-14　中式餐饮空间 —— 平面布局图与动线设计

图 3-15　中式餐饮空间 —— 宫廷式

此设计整体风格以传统元素为基调，细部设计延续宫廷式的做法，既隆重、热烈，又不失庄严、典雅，尽显中式皇家风范（图 3-15）。

（2）园林式布局采用中国园林自由组合的特点，利用较为通透的隔扇、漏窗等对空间进行分隔，划分出主要就餐区域和若干次要就餐区。同时，在空间内部设置景观绿化，在加强各空间联系的同时，形成视觉重点，让人们有景可观、有景可对（图 3-16），给人一种室内空间室外化的感觉，仿佛置身于景观园林之中，令人心情舒畅，食欲大增。园林式布局的装饰风格与细部常采用与中式园林相关的符号和做法。

图 3-16 中式餐饮空间 —— 园林式

图 3-16 中的布局以漏窗为元素，在分隔空间的同时最大程度保持了空间的连续性与视觉通透性，同时借助漏窗形成空间中的借景与对景，随着视线的移动可以感受到不同的视觉效果。

3. 家具的风格

　　家具的风格在中式餐饮室内空间中占据了重要的地位，因此在设计的初期就应对家具造型进行充分考虑。中式餐饮空间一般都选取传统的中式家具，尤其以明清家具的形式居多。明式家具造型简洁，而清式家具较为繁缛。除了直接运用传统家具的形式外，也可以将传统家具进行简化、提炼，保留其神韵。这种经过简化和改良的现代中式家具，在中式餐饮空间的大厅客席区域得到了广泛应用，而传统的明清时期家具则更多地运用于单间雅座中。

案例 C- 3 餐饮空间室内设计

　　在整个设计中，设计师用浓重富丽的颜色构造出华丽的视觉冲击，使整个空间无限升华。大堂暖色的灯具层层叠叠，好似温暖火焰悬于空中。加之大堂两侧红色的圆柱，以及银色的雕花装饰，一展富丽堂皇的中式气派，营造出宽广、大气、华丽的空间氛围。另外，酒店中的每一个包间都具备了不同的元素与设计主题，使人顿生异境迭起、斗转星移的感觉。

二、西式风格餐饮空间室内设计

1. 风格特征

西餐厅是西式餐饮空间的一种形式。西餐厅在欧美既是餐饮场所，又是社交的地点。常以西方传统建筑模式，如古老的柱饰、门窗、优美的铸铁工艺、漂亮的彩绘玻璃及绘画、现代雕塑等作为主要陈设内容，并常常配置钢琴、烛台、欧饰纹案的桌布、豪华餐具等，呈现出安静、舒适、优雅的环境气氛，体现了西方人的餐饮文化（图3-17）。

图3-17 餐饮空间 —— 西式风格

2. 平面布局与空间特色

西式餐厅的布局常采用较为规整的方式，但同时又强调就餐单元的私密性，这一点在布局时应充分体现（图 3-18）。创造私密性的方法可以通过以下几种形式表现：

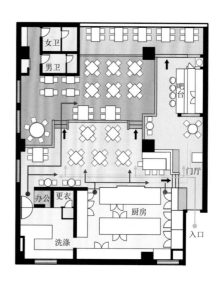

图 3-18 西式餐饮空间——餐厅平面布局图与动线设计

图 3-18 通过地面标高的不同，辅以隔断将餐厅划分若干个布局各异的小空间，以适应不同客人的需要，在空间氛围上营造出不同的空间感受。

图 3-19 西式餐饮空间——抬高地面

图 3-20 西式餐饮空间——下沉顶棚

（1）抬高地面和下沉顶棚的形式，所限定的空间范围私密程度相对较弱，只是给人以心理的暗示（图3-19、图3-20）。

（2）利用沙发座的后背形成明显的就餐单元，这种"U"型布置的沙发座，常与靠背座椅相结合，又称卡座（图3-21）。

（3）利用隔断形成私密空间，这种形式的私密性视隔断的高低和材质的透明程度而定（图3-22）。

西式餐厅的家具主要有酒柜吧台、冷点餐台、餐桌椅、沙发等。其中酒柜吧台是西式餐厅的特色之一，也是每个西式餐厅的必备设备，更是西方人生活方式的体现（图3-23）。除此之外，一架造型优美的三角钢琴也是西式餐厅平面布置中需要考虑的因素。在较为小型的西式餐厅中，钢琴经常被设置在角落，这样可以节约空间，不占有效面积，而在较大的西式餐厅中，钢琴常被安

排成视觉中心，为了突出这种感觉，钢琴的地面被抬高。钢琴不仅能够丰富空间效果，而且也是西式餐厅优雅的体现（图3-24）。

而西餐中的冷点也是重要的组成部分，所以冷餐台也是西式餐厅设计中重点考虑的因素，原则上设置在较为居中的地方，以便于餐厅中不同方向的就餐者取食。但如果餐厅面积条件不允许，也可不设冷餐台，通过服务人员端送服务。

西式餐厅中的餐桌椅表现形式为每桌2人、4人、6人或8人的方形或矩形餐桌（一般不用圆桌）。餐桌常被白色或粉色桌布覆盖，餐椅的靠背和坐垫常采用与沙发相同的面料，如皮革、纺织品等。

在照明上，西式餐厅的环境照明要求光线柔和，应避免过于强烈的直射光。就餐单元的照明要求可以与就餐的私密性结合起来，使就餐单元的照明略强于环境照明。西式餐厅常大量采用一级或多级二次反射或有磨砂灯罩的漫射光（图3-25）。

图 3-21 西式餐饮空间——沙发围合

餐厅空间通过"U"型布置的沙发座分出左右两个就餐空间，使中间本来是四面临空的这列客席有了边界依托（图 3-21）。

图 3-22 西式餐饮空间——隔断围合

图 3-22 通过隔断将内外两个餐饮空间略作分隔，由于内部隔断仅有几十厘米高，在视觉上两个空间仍相互流通渗透。餐饮空间层次丰富，里间围合感较强，外间则较开敞。

图 3-23　西式餐饮空间——酒柜吧台

图 3-24　西式餐饮空间——钢琴的设置

在一些西式餐厅中，有一些厨房是开敞的，它使顾客在就餐的同时，可以欣赏厨师高超的烹饪手艺，加强厨师与顾客之间的交流。开敞式的厨房，还能使整个餐厅空间显得开阔，对于一些在较为小型的西式餐厅非常实用（图3-26）。

3. 家具风格

家具对西式餐厅的风格塑造和氛围营造有着重大影响。西式餐厅的家具一般选取欧式家具造型。所谓欧式，是一个泛称，可分为欧式古典主义、新古典主义、欧式田园和简欧家具。欧式古典家具现在主要是指巴洛克与洛可可式家具，追求华丽高雅，后期又出现了比较简洁的新古典主义家具。而欧式田园家具将传统手工艺与现代技术相结合，注重细节，纹理图案稳重细腻。简欧家具与新古典主义家具有异曲同工之妙，摒弃了古典家具的繁缛，更注重追求家具的舒适度与实用性。

图 3-25 西式餐饮空间——环境照明

图 3-26 西式餐饮空间——开放式厨房

三、日式风格餐饮空间室内设计

1.风格特征

日式餐厅也称为和风餐厅，是专门经营"日本料理"的日本风格餐厅。日本人的传统习惯是在榻榻米席上盘腿而坐。榻榻米席是日式风格中特有的坐席形式，"榻榻米"是一种用草编织的有一定厚度的垫子。一块垫子叫作一帖，一帖的标准尺寸是900mm×1800mm。因此，受其传统习惯的影响，日式餐厅空间比例相对较矮，净高多为2300～2700mm，门窗都为推拉式，空间可分可合，地面铺榻榻米席（图3-27）。在装饰风格上，日式传统室内造型简洁明快，追求朴素、安静、舒适的空间氛围，室内大量使用天然材质，如天花板、隔断多为竹与木的材质，强调自然色彩的质感和造型线条的简洁。

图3-27　日式餐饮空间——榻榻米席

图3-28 日式餐饮空间——风格特征

此设计以大量的竹子为元素对空间进行划分，既强调了个人领域感，又使空间流露出自然之美，整体空间体现了日式风格追求朴素、强调天然质感的特点（图3-28）。

2. 平面布局与空间特色

日式设计风格直接受日本和式建筑影响，讲究空间的流动与分隔。流动则为一室，分隔则为几个功能空间，空间中总能让人静静地思考，禅意无穷。

日式餐厅平面布置大致分为客席区、备餐前台、厨房、管理办公室等几部分。其中客席区可分为柜台席、座椅席、榻榻米席。

（1）柜台席。柜台席在日式餐厅中运用见多，材质多为木质，注重突出材料的自然形态及纹理，柜台席上方常常用来作吊柜存放餐具物品等。柜台席形式多样，多与吧台、开敞式厨房结合，作为厨房与客席区的分界，柜台一边是厨房操作台，另一边是客人用的餐桌。它既节约了端送的路线，也使得顾客感觉与店家更加亲切、融洽，特别对零散顾客是很好的就餐位置（图3-29）。

图 3-30 日式餐饮空间——柜台席

在日本一些店面狭小的餐厅中，经常沿进深布置条形柜台席，柜台席内侧为厨房，节省空间的同时，易于与顾客交流，传递服务方便（图3-30）。

（2）榻榻米席。榻榻米席由于铺设位置不同，隔断位置不同，在日式餐厅中的称谓也有所不同。可分为条列式榻榻米坐席、榻榻米雅间、榻榻米"广间"、下沉式榻榻米席。

①条列式榻榻米坐席。这种榻榻米席一般与座椅席并置在同一大空间中，沿边布置。通常进深为1800mm（即一帖席的长度），也有进深为1350mm和2700mm的。宽度（或称长方向的尺寸）根据餐厅空间和设计而定，总体一般呈长条形，中间可布置隔断进行分隔（图3-31）。

②榻榻米雅间。榻榻米雅间内一般有4.5帖、6帖、8帖等榻榻米，4.5帖的空间一般供4人用餐，摆6人坐席时空间稍显局促，8帖的空间供6人进餐则比较宽裕（图3-32）。雅间设有可以推拉和摘取的门扇，一般都有两个方向设这样的推拉门，以便灵活地设置出入口和服务路线。门扇的标准尺寸与一帖榻榻米席相同，为900mm×1800mm（图3-33）。

③榻榻米"广间"。由12帖以上榻榻米席连续铺设而成的大空间称为"广间"，"广间"一般作为宴会场所供团体或多人使用。"广间"中端头设主席席，普通席则垂直于主席席排列，根据空间的宽度排成一列、两列或多列（图3-34、图3-35）。

④下沉式榻榻米席。它既保持了日本传统榻榻米席的特色，又有坐座椅时可把下肢垂下放松的优点。需要注意的是，榻榻米席是块状的，一帖为一块。下沉的部分是去掉其中的一帖形成的，下沉的深度一般为400mm左右（图3-36）。

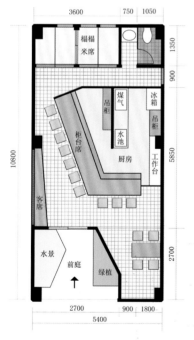

图 3-29 日式餐饮空间——平面布局图（单位：mm）

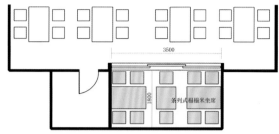

图 3-31　日式餐饮空间——条列式榻榻米坐席（单位：mm）

图 3-32　日式餐饮空间——榻榻米雅间规格（单位：mm）

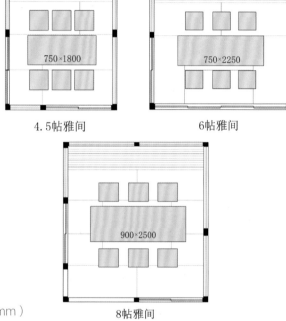

4.5帖雅间　　　　　　　　6帖雅间

8帖雅间

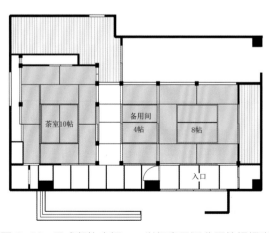

图 3-33　日式餐饮空间——以门扇灵活分隔的榻榻米雅间

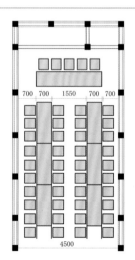

图 3-34　日式餐饮空间——宴会用榻榻米"广间"
（单位：mm）

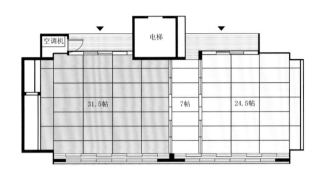

图 3-35 日式餐饮空间——可分可合的榻榻米"广间"

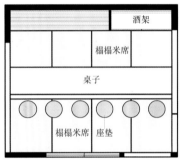

图 3-36 日式餐饮空间——下沉式榻榻米席

该餐厅采用了比较正统的和风装修，顶棚为木质吊顶，开了一些花型孔透出灯光。坐席为下沉式榻榻米席（图3-36）。设计统一协调，具有朴素、宁静的气氛。

3. 家具风格

日本传统家具偏好天然材料，没有过多繁缛的装饰与雕刻，强调色泽的自然美。由于日本人一直保持席地而坐的习惯，家具款式大都宽大低矮，整体造型简洁，以直线型为主，简朴中透露着精致。

在日式餐厅设计中，一般大厅客席使用高脚餐桌、餐椅，雅间多为低矮的日式传统家具（图 3-37）。常见的日式传统家具有榻榻米、暖壶台、茶桌、和式桌、和式椅等。

图 3-37 日式餐饮空间—— 日式家具

Tips

日式风格餐厅的前庭入口处常设置成日本古典庭院的形式,例如茶室中运用的石灯、水钵、庭石、花草、竹子、白沙等。前庭空间一般很小,但组合精美,常与玄关一起营造出曲径通幽、引人入胜的效果。特别是在高级餐厅中,前庭与玄关的空间进深拉大,有一个较好的心理过渡,使人精神放松,对餐厅也能留下深刻的印象。

四、自助式餐饮空间室内设计

1. 形式特征

自助式餐厅因其形式自由、随意、灵活,受到很多就餐者的欢迎。它的特点是顾客可以自我服务,菜肴不用服务员传递和分配,饮料也是自斟自饮。自助餐可以分为两种形式,一种是就餐者到一固定设置的食品台选取食物,而后依所取种类和数量付账;另一种是支付固定金额后可任意选取。相对于其他形式的餐厅,这两种形式大大减少了服务人员的数量,从而降低了餐厅的用工成本。同时,对于就餐者来说,由于可以根据自己的意愿各取所需,因而受到欢迎。

2. 平面布局与空间特色

自助餐厅在平面布局上应充分考虑其功能要求。在由顾客自行选取、按索取种类和数量结账方式的餐厅,应在顾客选取路线的终点处设置结算台,顾客在此结算付款后将食品拿到座位食用。同时这种餐厅一般还在靠进出口处设置餐具回收台,顾客就餐后将餐具送到回收台。而当采取顾客支付固定金额后随意就餐的餐厅中,要注意餐台的设计应使顾客可以从所需的食物点切入开始选取,而不必按固定的顺序排队等候。另外,由于这种形式的餐厅中顾客需要经常起身盛取食物,餐桌与餐桌之间必须留出足够的通道,避免顾客之间出现拥挤和碰撞。

合理的布局与功能,要求同类的空间必须集中,在服务空间中,自助餐台的位置需要兼顾就餐空间和厨房。布局的关键有两个:一是靠近厨房出菜口,以方便食物的供应和补充,同时提供最短、最便捷的服务路线,以减少服务流线与顾客流线的交叉与重合(图3-38);二是方便顾客自主选餐,例如可以拼出一个主菜岛,一个甜食岛,以节省空间,方便选用,或将一部分食物放到几个区域供应,这样既可以缩短顾客选取食物的路线,又可以避免顾客往返流线的交叉和相互干扰(图3-39)。

自助餐厅的内部装修应简洁明快,力求宽阔、明亮的感觉,切忌产生拥堵、拥挤感,同时可根据具体情况在其中做适当的分隔。如以家具或艺术半隔断作为动线分隔界面,还可以利用地面、天花板、墙面、灯光等要素营造出丰富的实体空间与虚拟空间,清晰地引导各类动线,在丰富整个空间视觉效果的同时呈现出更为人性化的就餐环境。

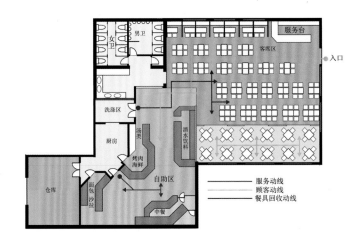

图3-38　自助式餐饮空间——平面布局图与动线设计

图 3-39　自助式餐饮空间——食品自选台

图 3-40　自助式餐饮空间——自助餐台

　　案例中将自助餐台分别设置在空间的不同区域，方便顾客取用时可保证空间得到最大限度的利用（图 3-40）。整体设计简洁明快，视觉效果突出，空间主次分明、动线清晰。

五、烧烤店、火锅店式餐饮空间室内设计

1.烧烤店、火锅店式的特点

此类餐饮空间的共同点是在餐桌中间设置炉灶，这就带来了如何排烟的问题，如果处理不当，就会造成店内油烟、蒸汽弥漫，空气受到污染，就餐环境不佳，餐厅内的装修被熏染，难以清除。这就要求店内应安排排烟管道，每张桌子上空都应有吸风罩，保证油烟焦煳味不扩散开来。由于受管道限制，桌子需要对正，因此烧烤店、火锅店的平面布局一般比较齐整（图3-41）。

2. 平面布局与餐桌设计

烧烤店和火锅店在平面布置上与一般餐饮店区别不是很大，稍特殊的地方是端送运输量较大，厨房与餐厅连接部分最好开两个运输口，尽可能比较便捷、等距地向客席提供服务。餐厅中的走道相对宽些，主通道最少在1000mm以上。一些店采用自助形式，自助台周边要留出足够的空间，客流动线与服务动线应清晰明确，避免相互碰撞（图3-42）。

由于烧烤店和火锅店主要向顾客提供生菜、生肉，装盘时体积大，因而多使用大盘，加上各种调料小碟及小菜，总体用盘量较大。此外桌子中央有灶具（直径300mm左右），占去一定桌面，因此烧烤用的桌子应比一般餐桌大些。例如4人用桌的桌面应在（800～900mm）×1200mm（图3-43）。同时因受排烟管道等限制，桌子多为固定，不能移动进行拼接，所以设计时必须考虑好桌子的分布和大桌、小桌的设置比例。另外，烧烤店和火锅店用的桌面材料要耐热、耐燃，还要易于清洁。

图3-41　烧烤店——空间布置

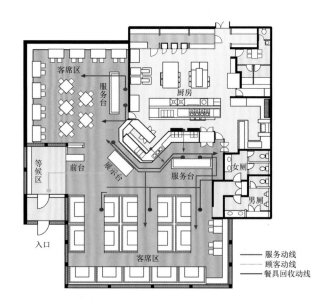

图3-42　烧烤店、火锅店——平面布局图与动线设计

图 3-43 火锅店设计

图 3-44 烧烤店——家具设计

　　此店面以中式元素为主线，经过设计提炼，体现出现代中式风格，设计造型方中有圆，圆中有方，营造出大方、端庄、热情的空间氛围（图 3-44）。

六、快餐式餐饮空间室内设计

1. 形式特征

　　快餐厅是提供快速餐饮服务的餐厅，采用机械化、标准化、少品种、大批量的方式生产产品，并以标准分量的方式提供给消费者。快餐厅规模一般不大，室内环境设计应突出一个"快"字，用餐者不会多作停留，更不会对周围的景致细细品味，以粗线条、快节奏、明快色彩的简洁色块装饰为最佳。通过简单的色彩对比，几何形体的空间塑造，整体环境层次的丰富等，达到快餐环境的理想效果。

2. 平面布局与空间色彩

　　快餐厅空间布置的好坏直接影响到快餐厅的服务效率。一般情况下，将大部分餐桌靠墙排列，其余则以岛式配置于室内空间中央。靠墙的座位通常是4人对坐或2人对坐，也有少量6人对坐的座位。岛式的座位多则10人，少则4人，比较适于人数较多的家庭或集体使用。这种方式能有效地利用空间，但空间形式流于单调时，可以通过相对分隔的手法，用一些通透的矮隔断，将空间内部分隔成几个不同的区域，使空间更有人情味，就餐的环境更加时尚，摆脱过去快餐简单、单调的形式束缚。

图 3-45　快餐厅——空间布局

　　图3-45中将顶棚做不同的标高，辅以不同的材质，利用家具划分出几个形态不同的区域，同时这几个区域又融合于整体空间中，彼此联系紧密。

由于快餐厅一般采用顾客自我服务的方式，在餐厅的动线设计上要注意分出动区和静区，按照"在柜台购买食品—端到座位就餐—将托盘放到回收处"的顺序合理组织设计动线，避免通行不畅、相互碰撞的现象（图3-46）。如果由服务人员收取托盘，应在动线设计上与完全由顾客自主服务方式有所不同（图3-47）。

快餐厅的色彩设计与其他餐厅不同，为了缩短用餐时间，打造快节奏、高效率的色彩氛围，多采用明亮的色彩和提高光照的方式来营造空间氛围。快餐厅的色彩设计宜使用红、橙、黄等暖色系。暖色可以使人心情愉悦、兴奋，增进食欲，同时也会使人感觉时间比实际时间长，从而缩短在快餐厅内的停留时间，尤为符合快餐厅促进食欲和短促时间的需求。需要注意的是冷色调的亮度越高，色彩越偏暖；而暖色调的亮度越高则色彩越偏冷。

快餐厅的家具色彩配置影响着就餐者的心理。总的来说，快餐厅家具色彩宜以明朗轻快的色调为主。整体色彩搭配可以用灯光调解室内色彩氛围，以达到有利于饮食的目的。快餐厅家具颜色一种是材料本身固有的色彩，另一种是使用人工涂色。如自然木色，具有木材天然的纹理特性，能很好地与任何风格快餐厅室内的环境进行融合，不会让家具在整个空间中显得突兀。此外，玻璃和塑料在快餐家具中的运用也丰富了快餐家具的色彩种类。

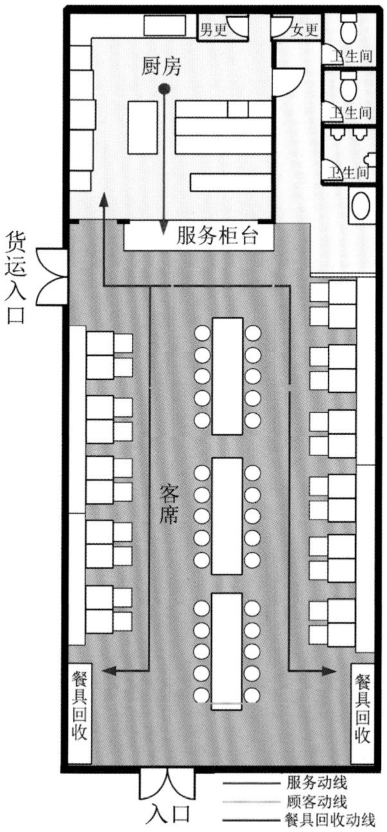

图 3-46 顾客自主式快餐厅动线设计

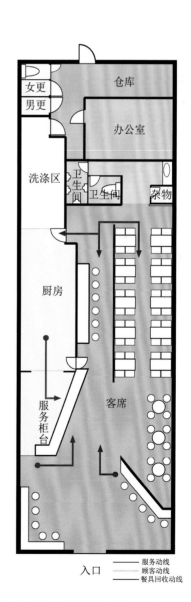

图 3-47 顾客非自主式快餐厅动线设计

图 3-48　快餐厅——色彩与灯光的配合

　　案例中快餐厅的设计，采用高照度、色温适中的照明，既满足了照明设计的要求，又使空间有明亮、轻快的现代新潮之感（图 3-48）。

图 3-49　快餐厅——原木色家具的应用

　　图 3-49 中木材的固有色在灯光或自然光的照射下给人一种整洁干净的感觉。另外，其最大特色在于厨房上部悬挂的黑板，餐厅信息均列于此，极具个性的粉笔书写方便修改，同时厨房的可视化设计增加了顾客对餐厅的了解。

七、主题式餐饮空间室内设计

1. 形式特征

主题餐厅是通过一个或多个主题为吸引标志的饮食场所，在人们身临其境的时候，经过观察和联想，进入期望的主体情境。"主题"这个概念很早就被引入建筑设计及室内设计中。主题的变化可以营造出各种细节丰富、值得回味或充满幻想的环境。社会风貌、风土人情、自然历史、文化传统和宗教艺术等许多方面的题材都是构思的源泉，借助特色的建筑设计和内部装饰来强化主题是餐饮空间表达主题文化的重要途径，因为客人就是通过对餐厅的环境装饰来认知餐厅所倡导的主题文化。

2. 主题式餐饮空间设计方法

餐饮空间作为一种特定的环境空间，它除了满足人们纯功能需求外，更需要传达某种主题信息来满足人们精神文化生活的需求。带有主题的设计有助于从感官感觉上升到精神境界，其表达的设计概念在人们文化心智系统中占据着核心地位，以至于能够主控和指导室内设计风格的形成。主题式餐厅既是餐饮场所又是展示空间，通过主题的展示，从人的感官入手，注重空间环境的文化性和体验性，让顾客沉浸在主题氛围中，使顾客在充满丰富消费情趣的过程中得到一种精神的愉悦与升华。

图 3-50　主题餐厅

图 3-50 利用象征的手法，借助人们丰富的想象力，形成主题性的空间气氛。

（1）营造主题文化氛围。文化因地域和民族性的差异形成吸引力，造就独特的美感。文化在企业中最具核心竞争力，餐饮空间也是一样。主题式餐厅的文化性需通过空间组合、界面、材质、光效、家具、色彩、陈设、形态和店面视觉识别系统等要素共同营造，体现差异性。

（2）提取反映主题的元素。文化是一种社会现象，是人们长期创造形成的产物。同时又是一种历史现象，是社会历史的积淀物。主题文化是一个抽象的概念，而空间设计和环境布置是具象的，最终的表现是在实体上。为了在建筑界面上表现主题，就必须从抽象的主题文化中提取表现元素。而主题通常是一个脉络，是一个系统，要经过梳理和整合，使其具有很强的逻辑性和很大的覆盖性，才能更容易被人所接纳。

（3）元素在界面中的表达。在建筑界面上表达主题元素，可以有两种表现方式：一种是具象，在空间中造景；另一种是把元素提取成抽象符号。设计主题式餐厅可以结合展示空间的设计手法，顾客是观众，摆在桌上的每道菜是展品，在满足餐厅基本功能的前提下，通过设计语言来使顾客在用餐过程中实现体验的目的。把提取的符号借助重复、韵律、对比、对称、均衡等法则，营造视觉冲击力，使顾客受到环境的感染。

案例 C-4 主题餐厅设计

　　本案例主要以英式建筑为主题，气势恢宏、内涵丰富，而且还引入大自然景色，蓝天白云、海船上的帆、马路两旁的路灯，营造了一种自由而舒畅的氛围。走廊、大堂等公共区域的地面采用不规则花岗岩铺设，有很强的实用性与美观性。餐饮大堂设计时尚，营造了一个温馨的环境。在照明方式上，不单纯采用自上而下的形式，而是运用多方式、多层次、多角度的照明形式，建筑结构的照明在此得以充分展示，有效地渲染了空间氛围。

本章小结

　　本章从多个方面对餐饮空间室内设计进行了较为详尽的阐述，同时针对不同类型的餐饮空间室内各区域自身的功能特点及设计要求进行了深入的分析，使学生对餐饮空间室内设计有一个全面的了解，有助于学生针对不同类型餐饮空间的特点及需求进行合理的空间方案设计。

◎思考与练习

1. 人体工程学对餐饮空间室内的影响主要体现在哪些环节。

2. 简述日式风格餐饮空间室内特征。

3. 简述主题式餐饮空间的室内特征。

第四章
酒店空间室内设计

学习要点及目标

- 本章主要针对酒店空间的室内设计进行全面详细的讲解。
- 通过本章学习，了解酒店所包含的各个空间构成区域，以及各空间区域的具体特征和相对应的设计手法。

引导案例：

　　酒店（Hotel）是为公众提供住宿、餐饮以及其他服务的建筑或场所。酒店为客人提供的服务不仅有建筑空间、结构、设备设施、空间装饰、艺术陈设等，还包括周到的服务和贴心的关怀。而这种日益多元化、专业化与个性化的服务，也是酒店设计日趋复杂化、专业化、更加个性化的特征（案例D-1）。

案例 D-1 酒店空间室内设计

本案例为某酒店设计。设计师将传统欧式的精华设计元素提炼、加工，并与现代设计的时尚结合，既保留了独具一格的材质、色彩，让人感受到传统的历史印记与浑厚的文化底蕴，同时又摒弃了过于复杂的肌理和装饰，简化了线条。将怀古的浪漫情怀与现代人对生活的需求相结合，雍容华贵且现代时尚。

大堂的设计集空间、家具、陈设、绿化、照明、材料等精华于一体，既庄重华贵，又亲切温馨，充分显示其建筑的核心作用。在一些空间交接处，通过对界面图案化的处理与主体空间进行了自然的衔接过渡，为该空间提供了亮点。

第一节 酒店大堂室内空间设计

大堂是接待宾客的第一空间，也是出入酒店的必经之地。大堂的布置和风格是给客人留下印象最深刻的部分，是酒店空间体系的核心所在，因此大堂设计也是酒店空间设计的装饰重点。此外，酒店大堂经常是室内设计潮流和趋势的风向标。

一、酒店大堂总体设计

大堂设计应遵循酒店"以人为本"的经营理念，注重营造宽敞、华丽、轻松的气氛，给客人带来美的享受。酒店的形象定位、投资规模、建筑结构等方面决定大堂的整体风格和效果。在大堂设计上应围绕构思主题，采用多种设计手法营造大堂气氛。

1. 酒店大堂基本功能要求

大堂作为主要流通场所是酒店交通的枢纽，是为客人提供接待、等候、休息、交往等功能的空间，同时具有咨询、入住、结账、等候等服务功能。从酒店管理者度来看，大堂是个控制中心，从这里工作人员可以观察和掌握酒店的基本事务。因此，大堂是酒店功能结构中最重要和最复杂的部分。

图 4-1　酒店——大堂设计

图 4-1 中的设计构思在传统中注入了现代元素，暖色调的酒店大堂烘托出明快、辉煌的效果。酒店大堂顶与地面的造型塑造在形式上相互呼应，成为空间中的视觉重点。

2. 酒店大堂整体感的营造

由于酒店大堂的面积比较大，包含的子空间较多，而且每个子空间都具有不同的使用功能，所以在设计时切忌只求多样而不求统一，或只注重细节和局部装饰而不注重整体效果，使整个空间显得松散、凌乱，破坏大堂空间的整体效果。大堂设计应遵循"多样而统一"的设计原则，注重整体感的塑造。大堂整体感的营造可以从下列几个方面考虑：

（1）母体法。在酒店大堂空间造型中，以一个主要的形式有规律的重复再现，使其构成一个完整的形式体系。母体元素的重现形成空间的主旋律，渗透到各个大小空间中，这种变化在不同空间中不仅不显得散乱，反而整体感十分强烈（图4-2）。

（2）主从法。构成大堂空间造型的要素有：形体的大小、材质的软硬、形状的曲直、色彩的对比与调和、光线的明暗等。这些要素在设计时应当主次分明，切忌面面俱到，平均使用（图4-3）。可考虑以下做法：

①着重体现奇特的造型。

②大胆展示材质、肌理的美感或现代科技成果。

③利用光线营造大堂的气氛。

④注重色彩在整个大堂空间的运用。

⑤大堂的风格、流派、样式要统一。

图4-2 母体法

图4-3 主从法

图 4-4 重点法

（3）重点法。突出大堂内重点要素，没用重点要素的大堂平淡无奇而且单调乏味，但有过多的重点元素，就会显得杂乱无章、喧宾夺主。因此，在大堂重点要素的处理上，既要足够的重视同时又要有所克制，不应在视觉上压倒一切，使它脱离大堂整体，破坏大堂整体感（图 4-4）。

（4）色调法。利用基本色调来构成整个空间的统一，烘托大堂的气氛。色调法可分为对比法与调和法两大类，用这两种方法可以设计出丰富多彩的色调。对比法并不是指简单的不同色彩的相互映衬，而是需要一定的主从关系，利用这种对比使空间统一中蕴含着变化（图 4-5）；调和法最易使大堂形成整体感，且色调也较统一，即使有变化，也只是同类色之间的协作关系（图 4-6）。

图 4-5 色调法——色调对比

图 4-6 色调法——色调统一

3. 酒店大堂界面的处理

（1）墙面、地面、顶面以及柱体的处理。空间界面是由墙面、地面、顶面、梁、柱等形成的空间边缘与界限。大堂的界面处理需具备引导、限定空间、增加艺术感等功能作用。

大堂的顶棚绝对不能简单处理，独特造型的顶棚会增加大堂的变化，在空间构成上形成有效的互补，以此为主旋律展开整个大堂的设计。由于大堂层高一般较高，如果整个墙面只用一种材质，饰面就会显得单调，所以墙面宜用色相相近、质地不同的材料，这样既不影响整体效果，又使墙面富有变化。有时也可以用反差较大的材料作分割，但要注意控制好比例。而地面石材颜色以近似墙面为主，使整个空间在色调上协调一致。大堂内的柱体也是室内的重要建筑构件，有着举足轻重的作用。设计得好，则为画龙点睛之妙，否则会大大削弱大堂的艺术效果。因此，对柱体的设计应在新颖的同时保持与整体空间的一致性，以便充分发挥它的装饰作用（图4-8、图4-9）。

图4-7 酒店大堂——界面设计

图4-7中穹窿顶式的天花板造型，配以大型的水晶吊灯，营造出富丽堂皇的氛围，同时墙面大量石材的应用，增加了大堂的光感，使得大堂光亮、洁净。

图 4-8 酒店大堂——墙面、地面、顶面以及
　　　　柱体的处理（1）

图 4-9 酒店大堂——墙面、地面、顶面以及
　　　　柱体的处理（2）

（2）界面细部的处理。界面细部处理是室内设计中的重要部分。细部设计到位不仅有助于施工，还可以提升设计效果（图4-10）。其中收口环节是室内细部处理中的重中之重。一般来说，阴角的转折、材料的选用比较自由，可以用同质、同色的材料，也可以用异质、异色的材料。而阳角必须用同种材料。

图 4-10 酒店大堂——界面细部处理

Tips

墙面阴角指的是凹进去的墙角（又叫内角），如顶面与四周墙壁的夹角；墙面阳角指的是凸出来的墙角（又叫外角），如建筑物外部凸出的四角以及门窗洞口与墙面。

图 4-11 酒店大堂——界面收口处理

在本案的设计中，许多相邻的界面都采用空间凹凸的方式进行过渡。如前台与地面，利用翘起的光影进行过渡收口；墙面的黑白材料也是通过空间凹凸进行收口；顶部与墙的过渡亦是如此（图4-11）。

图4-12 酒店大堂——照明设计

图4-12中，在整体照明的基础上，根据整体空间中各区域不同的需要分别进行局部的照明配置，既满足了各区域功能上的需要，又体现出空间光源层次，营造出一种温馨亲切的气氛。

4. 酒店大堂照明的处理

大堂空间的照明主要分三个区域：入口和前厅区域照明、总服务台的照明和休息区的照明。大堂作为一个连续的空间整体，从照明方式的角度分析，入口和前厅照明应采用整体式照明，为整体空间提供一个均匀的亮度；总服务台照明和休息区照明应采用局部照明，既满足功能上的需要，同时又能体现空间光源的层次感。这三部分照明应该保持色温的一致，通过亮度对比，使大堂形成富有情趣的、连续的、有起伏的明暗过渡，从而营造出亲切的氛围。

5. 酒店大堂陈设的处理

通过家具和陈设的布置可以将大堂内部进行细分，可以在大空间中分隔出许多小空间，形成二次空间，丰富空间层次并满足不同的使用需求。

不同酒店的陈设布置应有所区别，与酒店的类型相协调。例如，度假酒店设计要体现出亲近自然的特征并反映出一种地域文化，因此家具与陈设品的选择都应追求朴素自然的风格；商务酒店的大堂则追求豪华气派，在家具与陈设品方面可以选择皮质或金属质感一类。

植物的运用对大堂空间装饰来讲意义非凡，它能潜意识的使室内与自然生态环境取得联系，放松人们的心情，增强空间轻松的氛围。植物在大堂空间中经常出现，其种类和尺度要与空间环境相协调，需点到为止、适时适度（图4- 14）。

图4-13 度假酒店——大堂设计

图4-13中优雅的环境、朴素自然的风格、黑白的色彩搭配，无不体现出江南般的精致秀美。

图4-14 酒店大堂——绿植的运用

表 4-1 总服务台在大堂中所占面积

酒店档次	总服务台面积（m²）
高档酒店（4-5星）	1.5
中等酒店（3星）	0.9
经济型酒店（1-2星）	0.3

图 4-15　酒店大堂——大堂经理工作台

图 4-16　酒店大堂——大堂总服务台与楼梯间

图 4-17　酒店大堂——大堂吧台设计

二、大堂的分区设计

1. 总服务台

总服务台也称"前台"，是酒店对外服务的主要窗口、经营中心和视觉中心。前台应设在大堂最显眼、客人来往最方便的位置。前台空间的大小取决于酒店的规模、档次、类型等（表4-1）。还有些酒店会在前厅设置大堂经理工作台，工作台一般位于主要交通路线旁边，可以看到入口和总服务台（图4-15）。

在前台的设计上要特别注意背景墙和天花的设计。前台背景墙是酒店风格、特色、品位的象征，在整个大堂设计中起到至关重要的作用。背景墙在设计上应采用高度凝练的艺术手段，体现高端大气、意境深远、地域性等特色，凸显鲜明的酒店文化主题。前台的天花设计应与大堂天花有所区别，使前台成为一块独立的区域，在照明时也可集中（图4-16）。

2. 休息区

休息区是为客人提供休息、交谈或等候的空间，也是酒店大堂中的另外一个主要功能区域，一般设在主入口与总服务台附近、主要交通干道附近，面积大约占整个大堂空间的20%。休息区的布局非常灵活，可在地面或顶面做些特殊处理，同时辅以沙发，配以小型绿化、灯饰等形成一个独立的空间。

在一些高档酒店中，休息区还可以设置大堂酒吧。大堂酒吧提供酒水服务，客人可以在此休息小酌、会客等候、休息闲谈等。大堂酒吧是大堂环境中的活跃因素，其布局和空间塑造手法丰富多样，一般要求做到座位舒适、光线柔和。有时为了营造浪漫的氛围可以摆放钢琴、绿化、小陈设品等（图4-17）。

3. 零售、商业区

通常位于大堂附近，是专门设立的一个区域，与大堂保持着密切的联系。除了售卖报纸、香烟、药品等日用品外，还会根据酒店的特点以及顾客需要售卖不同商品，比如泳衣、防晒霜、户外用品等。此外，在一些高档酒店还会设置品牌店和专卖店等。

4. 交通区

（1）入口。客人到达酒店后，首先看到的就是酒店入口，这也是给客人留下第一印象的地方。入口对于酒店来讲不仅仅是出入通道，更是室内与室外的过渡空间，既要与周围环境相互协调，又必须与建筑的性质和风格相符（图4-18）。

入口空间设计应有效地规划各种不同的人流，避免客人与服务流线的相互干扰，提高酒店的管理效率。所以酒店不仅要有主入口，还有几个次入口（员工及后勤服务入口、会议厅入口、宴会厅入口、休闲区入口等）。

（2）电梯间。电梯间是联系大堂与客房的重要交通空间，通常设置在大堂的次要位置，且此位置要方便客人到达。电梯间内可设置垃圾箱、陈设品或休息设施等，还要有足够的空间容纳等候电梯与进出电梯的客人及他们携带的行李（图4-19）。

酒店电梯的数量和规模随酒店的规模和档次而不同。人流集中的会客厅、宴会厅等需要另外设置电梯。通常套房也需要有专门的电梯。

图4-18 酒店——入口设计

图4-19 酒店——电梯间与卫生间设计

Tips

图 4-20 酒店——精品酒店

第二节 酒店客房室内空间设计

客房区是酒店的基本组成单元，也是入住者的重要活动场地。客房的设计理念、功能布局、装饰风格、面积大小、照明效果、光照条件和卫生整洁程度都对客人的感受有直接影响。

一、酒店客房设计

1. 标准客房设计

虽然酒店的类型、标准、档次各有不同，但是客房中的功能是基本一致的。一间标准客房的空间主要由入口门廊区、卫生间、工作区、就寝区、起居区、阳台及露台区等构成（图4-21）。

（1）入口门廊区。客房房门的设计要与客房内的家具、色彩相符，门扇的宽度以880 ～ 900mm 为宜。如果客房空间较为狭小，可在门后一侧设置入墙收纳柜，以方便存放行李等。在此区域还可设置梳妆台、整装台。

图 4-21　酒店客房——标准客房区域图

图 4-22　酒店客房——就寝区

图 4-23　酒店客房——工作区

图 4-24　酒店客房——起居区

（2）就寝区。一般酒店客房的就寝区是最大的功能区，也是客房最基本的功能区。其中最主要的家具是床。床的大小及数量直接影响其他功能空间的大小和构成。就寝区的光环境还会影响到客房的气氛。床头灯的选择对就寝区的光环境塑造至关重要，灯具的选择以台灯或壁灯为宜。台灯造型灵活，可移动性强，造型可根据室内整体风格来选择；壁灯光线柔和且光线可以调节。为了方便，床头可增加床头柜（图4-22）。

（3）工作区。此区域以写字台为中心、家具设计为灵魂，具有强大而完善的商务功能。宽带、传真、电话以及各种插口要一一安排整齐，杂乱的电线也要收纳干净。写字台位置的安排应仔细考虑，同时还要保证良好的采光与视线（图4-23）。

（4）起居区。一般客房的起居区都位于窗前区域，由沙发、茶几等组成，供客人休息、会客等。现在的客房设计会客功能正逐渐弱化，起居空间增加了阅读、欣赏音乐等功能，向着更舒适、令人心情愉悦的方向发展，这也是酒店客房的特色之一（图4-24）。

图 4-25　酒店客房卫生间——面盆区

图 4-26　酒店客房卫生间——洗浴区

（5）卫生间。卫生间是客房的重要组成部分，其空间构成主要有：面盆区、坐便区、洗浴区。卫生间通常为干湿分离，盥洗与坐便区域分开，避免功能交叉、相互干扰。且因卫生间高湿、高温，所以还需配备良好的排风设备。

①面盆区。面盆区域台面与化妆镜是卫生间造型设计的重点，同时要注意面盆区域的照明设计（图4-25）。

②坐便区。此区域要求通风与照明良好。坐便器前方至少留有 450 ～ 600mm 的空间，左右至少留有 300 ～ 350mm 的活动空间。

③洗浴区。要选择防滑、易清洁的材料。使用浴缸还是淋浴是由酒店的级别、客房的档次来定。淋浴节省空间，投入少，而浴缸舒适、华丽，可提升空间档次（图4-26）。

（6）阳台及露台区。阳台和露台在度假型酒店和公寓式酒店中经常出现，作为起居空间的延伸，为酒店提供清新的空气和优美开阔的视野，使客房更接近自然。还可以增加酒店建筑的造型感，也可以起到遮阳的作用（图4-27）。

图 4-27　酒店客房——阳台与露台区

2. 套房设计

套房是由两间或两间以上客房构成的客房单元。套房的数量和所占比例因酒店的规模和类型而定。大多数酒店有 2%—5% 的套房配置，高级酒店和会议酒店的套房数量则可达到 10%。套房大多位于景色优美的顶层位置，有些也会被放置在建筑结构提供的异型房或者特殊边层的某个建筑空间里。

套房的种类很多，有普通套房、连接套房、家庭套房、商务套房、总统套房和无障碍套房等。

（1）普通套房。普通套房一般为两套间：一间为卧室，配有一张大床，并与卫生间相连；另一间为起居室，设有盥洗室，内有坐便器与洗面盆。

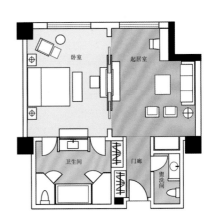

图 4-28　酒店客房——普通套房区域图

案例中的睡眠区域与起居区域分开，设计风格上给人舒适温暖的感觉，墙面与家具色调柔和，整体搭配协调，风格统一（图 4-28）。

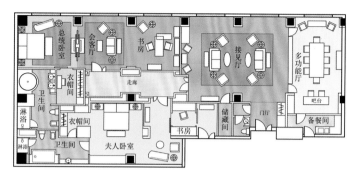

图 4-29　酒店客房——商务套房平面布局图　　图 4-30　酒店客房——总统套房平面布局图

（2）连接套房。连接套房也称组合套房，是一种根据经营需要专门设计的房间形式，为两间相连的客房，用隔音性较好、均安装门锁的两扇门连接，并配有卫生间。不同需要时，既可以作为两间独立的客房出租，也可连通作为套间出租，灵活性较大。

（3）家庭套房。此类型是家庭套房式酒店专门为家庭旅游者提供的客房类型。

（4）商务套房。商务套房是针对从事商务活动的人群进行设计与布置的。一间为起居与办公室，另一间为卧室，功能分区合理，适合商务洽谈、办公等（图 4-29）。

（5）总统套房。总统套房一般位于酒店的顶层，具有最佳的景观位置，隐蔽性也较强。面积大约 500m²，其功能区可分为接见厅、会客厅、多功能厅、总统卧室、夫人卧室、书房、卧室、厨房和卫生间等，布局合理、安全、高效，装修豪华、温馨舒适、富有情调。总统套房设有独立的进出通道，与其他楼层的客人分开（图 4-30、图 4-31）。

图 4-31　酒店客房——总统套房区域图

图 4-32　酒店客房——照明设计

图 4-33　酒店卫生间
　　　　——照明设计

二、酒店客房照明的处理

酒店客房应该像家一样，安宁、安逸、亲切、温馨，所以大多以暖色调为主。客房的照度需低些，以体现静谧的特点。局部照明，如梳妆镜照明和床头阅读照明等，则应提供足够的照度（图4-32）。洗手间需要高色温，以显干净整洁（图4-33）。

三、酒店客房陈设的处理

客房的家具陈设是酒店客房设计的重要内容，对于客房内部环境有着重要意义。家具具有装饰性，可以体现出整个客房的气氛和艺术效果、风格等。家具的形式、色彩、质感和摆放方式都能够对客人的直接感受和心理活动产生影响。

客房中的家具可以成组配置，以构成不同的功能空间。家具的布置常分为静态区、活动区和交通区。静态区布置床和床头柜等睡眠家具；活动区布置会客、起居用的沙发、茶几、书桌等；交通区则布置壁柜、储物柜等家具。家具布置设计要做到疏密结合，既要留出人活动的空间，又要组成休息的空间，同时还要做到主次分明，突出主要家具，其余的可作为配衬和点缀。

客房中陈设品的选择也至关重要，例如带有实用性的窗帘、台灯，以及纯装饰性的各种艺术品等，甚至家具上的五金件都可以用来塑造空间氛围，使空间看起来更加精致（图4-35）。

图 4-34　家具陈设

设计中将家具布置在室内中心位置，留出周边空间，强调家具的重要性。周边为活动区域，保证中心区域不受干扰和影响（图4-34）。

图 4-35　酒店客房——陈设品运用

第三节 酒店宴会厅室内设计

宴会厅是星级酒店必备的服务空间。主要用于各种宴会活动，通常内部设有舞台、就餐区、观演区和各种辅助用房。由于宴会厅通常较大，为了适应不同的使用需求，常设计成可分隔的空间，需要时可以用活动隔断划分成几个小厅。

宴会厅桌椅布置以圆桌、方桌为主，座椅造型应易于叠落整理。由于宴请活动通常具有一定的规格，所以在空间设计上应体现出庄重、热烈、高贵的效果。

一、宴会厅的规模

宴会厅满座人数一般为200～500人，也有一些特大型的宴会厅人数可达上千人，如我国的人民大会堂是世界上最大的宴会厅之一。

中型宴会厅多服务于中型会议、中型婚宴、中型庆典等。这类空间除了加强环境氛围的营造之外，还要进行功能分区、流线组织，以及一定的围合处理（图4-36）。

小型餐厅或包间也可作为宴会厅的一种。这类空间服务人数较少，规格很高，一般定为豪华间。该空间功能齐全，主要着重于室内气氛的营造（图4-37）。

图 4-36 酒店——中型宴会厅

图 4-37 酒店——小型宴会厅

二、宴会厅的设计

宴会厅一般设置在一层，便于出入，在设计上应特别注重功能分区和流线组织。首先宴会厅的出入口要独立设置，有条件的可设计过渡空间或接待厅，如等候休息区、餐前活动交流区等。其次，宴会厅的人流与客服人流要有区分，确保通畅，避免路线过长或交叉，同时还要有家具储藏间，保证足量的桌椅以备使用（图4-38）。

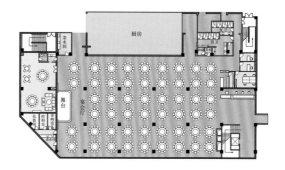

图4-38　酒店——宴会厅平面布局图

1. 宴会厅总体设计

由于宴会厅的宾客与服务人员较多，因此平面布局显得尤为重要，平面布局的优劣直接影响宴会厅的合理使用。在此，应遵循以下几点：

（1）宴会厅的宾客出入口应有两个以上，并双向双开，尺度可比普通双开门稍大。出入口应与建筑内部的主要通道连接，以保证疏散的安全性。

（2）宴会厅的室内布置应有主要观赏面，并设礼仪台和主背景，以满足礼仪、会议等现实要求。

（3）宴会厅的周边应设有专用卫生间，在人数较多时也可满足使用需求，档次较高。

（4）宴会厅周围的疏散空间内应适当布置座椅、沙发等，以保证宴会厅活动前宾客的休息、等候等要求。

（5）宾客人流与服务人流应避免交叉。由于宴会厅一般较大，一个服务口难以满足所有使用要求，因此在宴会厅的一侧常设置服务廊，通过服务廊，可以开设两个或两个以上的服务口。

（6）宴会厅的周边需配置相应的储藏空间，同时还应设专门的音响、灯光控制室。

2. 宴会厅的界面设计

宴会厅的地面经常铺暖色调的地毯，墙面多采用较为温馨的天然材质，同时应考虑吸声的需要，因此，宴会厅墙面多采用木材、壁纸和织物软包等。

顶棚的设计根据建筑结构进行，如分隔与藻井的处理，在考虑梁柱的位置与大小的同时，还应充分考虑到照明的方式，将灯具与顶棚结合成一个整体。主灯具选用整体感强、能突显效果的为宜。所有光源尽可能选用白炽灯，以增强光源的显色性。另外，礼仪台的区域应设罩面光以增强该区域的视觉效果，在墙上可设置壁灯，烘托气氛。

宴会厅与厨房要有独立的联系系统或交通空间，以提高服务质量；备餐间出入口的设计应避免客人直视内部为宜；厨房与宴会厅相连，因此需避免油烟进入和噪声干扰。

图4-39　宴会厅——界面设计

宴会厅整体设计规整，利用率高。背景墙造型的处理运用了喜庆的红色来衬托木造型的格栅屏风，配合暗藏光源及两侧中式灯笼，表现出一种极其稳重、热烈而不夸张的喜庆气氛，在简约的大厅中成为一个突出的亮点（图4-39）。

第四节 酒店商务空间室内设计

为了顺应酒店多元化发展的趋势，方便顾客和增加酒店竞争力，许多酒店纷纷在公共区域设置会议室或多功能厅，以承接一定规模的会议及各种文化娱乐活动。会议空间包括大小会议室、多功能厅、学术报告厅和新闻发布厅（图4-40～图4-42）。

一、会议室

会议室按规模可分为：

（1）200～500人用的大型会议室，可以用于典礼、招待会和团体会议等。

（2）30～150人用的中小型会议室。

（3）10～20人用的临时会议室。

（4）满足其他专门要求的会议室。

会议室在设计上首先要注意尺寸，座位一般按0.7m²/座设计，小于30坐的室内净高不低于2.5m，30座以上的室内净高应在3.0m以上。其次，要有清晰的导向标识系统、独立的交通路线、良好的隔音效果。为防止噪声，地面可铺设地毯，墙面使用软包。顶面的设计要烘托整体气氛，整体色调宜淡雅，可采用无强烈对比色彩的装饰（图4-43、图4-44）。

二、多功能厅

多功能厅适用于庆典礼仪活动，如宴会、展览会等。形式与宴会厅相近（详见本章"第三节 酒店宴会厅室内设计"）。

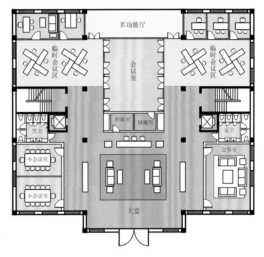

图4-40　酒店商务空间——空间平面图

图4-41　酒店商务空间——会议室

图 4-42 酒店商务空间——报告厅

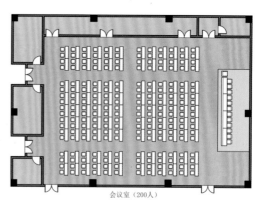

会议室（200人）

图 4-43 酒店商务空间——会议室平面图

图 4-44 酒店商务空间——大型会议室

本章小结

　　本章对酒店室内空间环境进行了较为详尽的阐述，针对构成酒店的各个室内空间区域自身的功能特点及设计要求进行了深入的分析，使学生对酒店空间设计有一个全面的了解，有助于丰富学生对酒店空间设计的形象思维，并提高设计能力。

◎ 思考与练习

1. 如何对酒店大堂进行整体设计？

2. 为什么说研究客房的功能布局是客房设计的首要任务？

3. 影响宴会厅的设计的因素有哪些。

4. 简述商务空间在整体酒店环境中起到哪些作用。

第五章
休闲娱乐空间室内设计

学习要点及目标

• 本章从多个方面对不同类型休闲娱乐空间的室内设计进行全面、详细的讲解。
• 通过本章学习，了解休闲娱乐空间的构成形式、环境特点以及不同类型休闲娱乐空间的基本设计内容。

引导案例：

　　现代休闲娱乐空间综合功能的提升、规模的不断扩大、种类的增多，使人们开始对休闲娱乐空间的环境以及对人的精神影响提出了更高的要求。因此，休闲娱乐空间的室内设计必须与时俱进，以发展的眼光面向时代，这样才能设计出优秀的休闲娱乐空间作品（案例 E-1）。

案例 E-1 休闲娱乐空间——茶楼室内设计

　　茶楼以"三进院"演绎着中国传统民居的建筑构局，散发着茶的芳香，"院"中有"房"、"房"内有"屋"，"房"与"房"错落有致，围合着三个情节小院。"一院"门海，"二院"戏台，"三院"枯山水。一步一景，一院一情节。现代手法的大红吊灯让院里有了主角，给屋外的灰砖墙增添了几分亲切与柔和，角落里的绿植让空间更加自然，让"院"中人忘却闹市，回荡在茶文化和东方建筑精神的回忆之中。

2. 入口

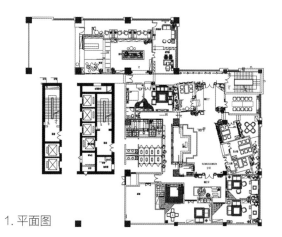

1. 平面图

3. 一院

4. 一院门厅

5. 二院戏台

6. 三院景观

7. 服务通道　　　　　　　　　　　　　　　　8. 包房

第一节 休闲娱乐空间的构成

　　休闲娱乐空间是人们在工作之余活动的场所，是可满足消费者进行自娱自乐、聚会、用餐、欣赏表演、松弛身心和情感交流的空间。同时，休闲娱乐空间也是工程技术与艺术相结合的产物，在设计上应呈现出时代赋予的新理念和新风尚，这样才能不断满足人们对于物质和精神生活的新需要。

一、休闲娱乐空间的区域划分

　　在休闲娱乐空间中，一般可分为迎宾区、休息等候区、休闲娱乐活动区、饮品和食品操作区、服务区、设施和设备区等功能区域。

1. 迎宾区

　　迎宾区一般位于休闲娱乐空间的出入口位置，以提供问询、办理、预订等相关服务。在迎宾区，可用光怪陆离的光影效果、激情充沛的背景音乐，以及极具动感的空间形式等（咖啡厅、茶楼等以慢节奏为主的休闲空间除外），以此引导客人逐渐进入到休闲娱乐空间的内部环境中（图5-1）。

2. 休息等候区

　　休息等候区一般设有沙发、茶几、音响、电视以及杂志架等（图5-2）。

图 5-1　娱乐空间——迎宾区

图 5-2　娱乐空间——休息等候区

3. 休闲娱乐活动区

休闲娱乐空间活动区有大厅式和包房式两种布局形式。在互动性较强的休闲娱乐空间中，一般将观众的座位围绕在表演台周围（图5-3）。以个人或小团体为单位来进行休闲娱乐的空间，通常采用隔间或包房的形式来摆放座位，如网吧、KTV包房等（图5-4）。

4. 饮品及食品操作区

饮品及食品操作区，一般由酒水吧、小型厨房、操作间、水果房、配菜间，以及储藏室等组成。此外，还可设有自助餐服务区等。

5. 设施与设备区

大部分的休闲娱乐空间，都需配有相应的娱乐设施及设备，并且还要提供专门的使用空间，以供工作人员进行操作或调试。

二、休闲娱乐空间的环境要素

休闲娱乐空间必须有鲜明的设计个性，而个性往往是由空间的环境要素决定的，要想使环境要素在空间中得到合理的体现，在设计时必须遵循以下几点：

1. 营造浓烈的娱乐气氛

休闲娱乐空间设计的目的就是营造出一种特定的娱乐氛围，并将空间环境设计与人们的思想情绪、心理感受等紧密地结合起来，最大程度地满足人们的精神需求。

2. 用独特的风格和形式吸引消费者

独特的装饰风格和布局形式是休闲娱乐空间设计的灵魂，一个风格与形式较为独特的个性化休闲娱乐空间，可让客人有新奇之感，从而引起客人的兴趣并激发出他们的参与欲（图5-5）。

图 5-3　娱乐活动区——大厅式

图 5-4　娱乐活动区——包房式

3. 注重考虑娱乐活动的安全性

从休闲娱乐空间的人流动线组织和分布的安全性来讲，必须便于客人的通行安全和紧急疏散。在装修材料的选择及施工方面，必须符合防火、防灾的规范要求。

4. 注意空间形态对视觉效果和听觉效果的影响

对于以视听娱乐为主要活动方式的休闲娱乐空间来讲，在营造空间气氛时，必须预先考虑空间形态对视觉和听觉效果的影响，要根据装饰材料的特性、合理性选择空间的饰面材料，并做好声学方面的吸声、声扩散以及声反射处理，以创造出最佳的听觉环境。

5. 减少对周边环境的干扰

在有视听要求的休闲娱乐空间中，必须进行隔音处理，以防止对周围环境造成噪声干扰，噪声指数要符合国家相应噪声允许值的规定。在设有舞台灯光设备或霓虹灯的休闲娱乐空间中，照明设施的设置应符合相应的法规，以防止对周边环境造成光污染。

图 5-5 休闲娱乐空间——独特的风格

休闲、娱乐是该空间的主题，不同的设计元素交织在一起，使空间更加灵动，独具风格（图5-5）。

第二节 不同类型休闲娱乐空间的室内设计

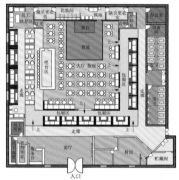

图 5-6 酒吧——平面布局图

图 5-7 酒吧——门厅区

图 5-8 酒吧——吧台区

一、酒吧室内设计

1. 环境特点

酒吧环境追求的是一种轻松的氛围,具有个性与私密性。设计上常刻意追求某种意境和强调某种主题,音乐轻松浪漫,色彩浓重深沉。灯光设计偏重于幽静,整体照度底,局部照度高,主要突出餐桌照明,使环绕在餐桌周围的顾客能清楚桌上置放的物品,而从空间其他位置看此区域又会有种朦胧感,对周围的人只是依稀可辨。但需要指出的是,酒吧中公共走道部分应有较好的照明,特别是在设有高度差的部分,应架设地灯照明,以突出台阶。

2. 酒吧室内区域设计处理

酒吧空间在设计上应层次分明,丰富而不繁琐,既有交流的开场空间,又有尊重私密的围合角落,可动可静。酒吧室内区域主要包括门厅、大厅、包厢、后勤区、卫生间等(图5-6)。

(1)门厅区。门厅是顾客产生第一印象的重要空间,也是具有功能性的共享空间,一般包括交通、服务和储存三种功能,同时门厅也是形成风格的地方,其布置既要美观、朴素、高雅,又不宜过于复杂,顾客对酒吧气氛的感受及定位往往是从门厅开始的(图5-7)。

(2)大厅。酒吧的大厅一般划分为吧台区、散座区、卡座区、表演区、音响室、后勤区、卫生间等区域。

①吧台区。吧台是酒吧向顾客提供酒类饮料的工作区域。通常由前吧(吧台)、后吧(酒柜)以及中心吧(操作台)组成。作为整个酒吧的核心与视觉中心,照度要求较高,除了操作面的照明外,还要充分展示各种酒类和酒器,以及调酒师优雅娴熟的配酒表演,使顾客在休憩的同时得到视觉上的满足,在轻松舒适的气氛中流连忘返(图5-8)。

②散座区与卡座区。散座区与卡座区都是客人的休息消费区，也是与客人聊天、交谈、聚会的重要区域。散座区一般以2~6人的席位为主，通常分布在比较偏僻的角落，或者围绕在舞池的周围（图5-9）。卡座区一般分布在大厅空间的两侧，呈半包围结构，里面设置沙发和几桌（图5-10）。

③表演区。表演区一般包括舞池和舞台两部分。舞池是客人活动的中心，根据酒吧功能的不同，舞池的面积也不相等。表演区通常还设有舞台，供演奏或演唱人员专用。舞台的设置以客人能看到舞台上的节目表演为佳，需避免前座客人挡住后座客人的视线，灯光、音响也应相协调。

④音响室。音响室是酒吧灯光音响的控制中心，用以酒吧音量调节和灯光控制，以满足客人听觉上的需要。位置一般设在舞池区，也有根据酒吧空间条件设在吧台附近。

⑤后勤区。后勤区主要包括厨房、员工服务柜台、收银台、办公室，强调动线流畅，方便实用。

⑥卫生间。卫生间是酒吧空间中不可缺少的设施，设计要与酒吧主题风格一致，表现出酒吧个性。

图 5-9　酒吧大厅——散座区

图 5-10　酒吧大厅——不同设计风格的卡座区

图 5-11　酒吧大厅——表演区　　图 5-12　酒吧——卫生间

图 5-11 中将表演区与吧台区结合，通过绚丽的色彩、变幻的灯光和造型丰富的线条，打造出一个具有强烈动态和现代气息的艺术区域。

此卫生间采用私密性更强的弧形墙设计，暗示出前进的方向，通过灯光组织成连续性的图案，为看似平淡的空间增加了动态元素（图5-12）。

（3）厨房设计。酒吧厨房通常以提供酒类饮料为主，加上简单的点心制作，因此和一般餐饮空间厨房相比，面积只占整体空间的 10% 左右，在布置时要尽可能紧凑。也有一些小型酒吧，不单独设立厨房，所有工作都在吧台内解决，由于能直接接触到客人视线，必须注意工作空间的整洁，尽量使操作隐蔽些（图 5-13、图 5-14）。

酒吧厨房的具体设置分为以下几个部分：

①贮藏部分。主要用于存放酒瓶，除了展示常用的酒瓶和摆放当日要用的酒瓶外，其他酒瓶都应妥善的置于仓库，或客人看不到的吧台内侧。此外还要保管好空酒瓶及其箱子。

②调酒部分。这是调酒师最重视的空间，操作台长度在 1800 ～ 2000mm 最为理想。在这个范围内将水池、调酒器具等集中配置，操作会更顺手和省力。

③清洗部分。小型酒吧直接在吧台内设置清洗池，大中型酒吧通常单独设置洗涤间或把清洗池设在厨房内。如果在吧台内清洗酒具，应注意不要使在吧台前的客人感觉碍眼或被溅上水。

④加热部分。由于酒吧的主要功能是提供酒类饮料，因此加热功能最好控制在最低限度。

若有提供需要加热的食物，则应在空间允许的情况下尽可能的另设小厨房。加热灶具最好为电磁炉或微波炉。

3. 酒吧室内色彩处理

酒吧空间色彩的表现力是极为重要的一个方面，色彩会产生情感暗示，如红色为热情奔放、蓝色为忧郁安静、黑色为神秘凝重等。若酒吧空间中出现的色彩数量过多时，就会使色彩的主题表达概念出现模糊不清或多种理解的状态。因此，在酒吧空间的色彩搭配方面，应做到简洁、明确、合理。除此之外，还要与室内采光方式、光源性质相匹配，以表达出准确的色彩语言和环境效果。

4. 酒吧室内家具的选择

酒吧空间中的家具造型、大小首先要满足酒吧的特定功能，使顾客感到舒适。其次要做到少而精，注意数量、质量和大小规格。最后，酒吧家具要便于移动且坚固、耐用、耐磨，色彩不宜太过鲜艳，太鲜艳的家具会使酒后已经进入兴奋的客人产生眩晕感，甚至狂躁不安。

吧台是酒吧空间个性最重要的展示区域，吧台的形式有直线型、O 型、U 型、L 型，比较常见的是直线型。吧台的材质可选用石材、木质、金属等，不同材质的吧台可以形成风格迥异的风貌，与吧台配套的吧椅为可旋转式的高脚凳。通常吧台的台面高为 1000 ～ 1100mm，凳面比台面低250 ～ 350mm，踏脚又比凳面低 450mm。

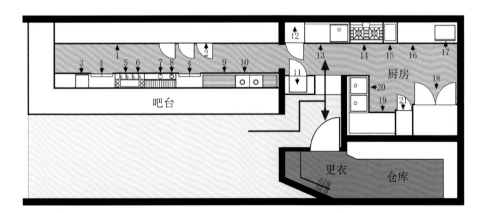

1. 操作台　2. 冷柜　3. 冰淇淋柜　4. 抽拉柜　5. 制冰机　6. 搅拌机　7. 粉碎机　8. 混合机
9. 洗杯机　10. 水池　11. 毛巾加热消毒柜　12. 玻璃冷柜　13. 操作台　14. 煤气灶
15. 油炸箱　16. 操作台　17. 微波炉　18. 冰箱　19. 操作台　20. 水池　21. 制冰机

图 5-13　酒吧——厨房加工设备布置关系图

图 5-14 酒吧——厨房区

图 5-15 酒吧——色彩设计

　　经典的明式圈椅、墙体的花窗陈设以及传统中国红的搭配，为简洁的空间增添出复古的氛围。整个酒吧大厅的装饰与灯光色彩的搭配恰到好处，柔美的灯光勾勒出温柔的情调，给人一种幽静的感觉（图 5-15）。

案例 E-2 酒吧室内设计

本案例是一间古埃及复古风格的小酒吧，金色古埃及人像雕刻石材、紫红色的刺绣沙发、深灰色纯羊毛地毯及象征着贵族的豹纹图案真丝靠枕，无不衬托出它的高档与奢华。室内矗立的古罗马镂空石柱增加视觉空间感，犹如置身于宫殿之中。包厢内条纹状的沙发与墙面木纹状的壁纸搭配和谐。整体设计色调沉稳，巧妙地搭配金色灯光，使室内充满了浪漫、高雅的皇室氛围。

二、咖啡厅室内设计

1. 风格特征

咖啡厅源于西方饮食文化，一般是在正餐之外，以喝咖啡为主进行简单的饮食、稍事休息的场所。传统风格的咖啡厅，在设计形式上更多追求欧式风格，体现古典、敦厚的感觉（图5-16）。

现代风格为主的咖啡厅与传统风格的咖啡厅相比，更注重适应时代的设计新理念，突出咖啡厅经营的主体性和个性。它们剔除了传统繁琐复杂的设计手法，通过巧妙的几何图形、主体色彩的运用和富有层次及节奏感的"目的性照明"烘托，创造出简洁、明快、亮丽的装饰风格和舒适、典雅、快捷的空间环境，满足客人在快节奏的社会中追求休闲舒适的心理需求（图5-17）。

图 5-16 休闲空间——传统风格咖啡厅

图 5-17 休闲空间——现代风格咖啡厅

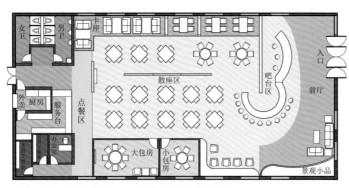

图 5-18 休闲空间——咖啡厅平面布局图

2. 咖啡厅室内区域设计处理

咖啡厅的平面布局比较简明，内部空间以通透为主，通常设置一个较大的空间，空间内有很好的交通流线，座位布置较为灵活，有的是以各种通透的隔断对空间进行二次分隔，再辅以地面和顶棚的高差加以变化。通常装修简洁、色彩淡雅，有的咖啡厅还结合植物、喷泉、雕塑等来增添店内轻松、舒适的感觉（图 5-18）。

在咖啡厅的用餐中，因不需太多餐具，餐桌较小，例如双人桌面尺寸在600 ~ 700mm 见方即可。餐桌和餐椅的设计多为精致轻巧型。为营造亲切谈话的氛围，多采用 2 ~ 4 人坐席，中心部位可设置一两处人数较多的坐席。

咖啡厅的服务台有时与外卖窗口结合。由于咖啡厅中多采用顾客直接选取饮食品、当时结算的方式，因此服务柜台应较长，柜台内外需留出足够的活动与工作空间（图 5-20）。

咖啡厅的立面多设计成落地玻璃窗，透明度大，使人从外面可以清楚地看到里面，出入口也应设置的明显、方便。

图 5-19 咖啡厅设计

咖啡厅整体造型简洁，富含丰富的虚实变化，在地面处理上利用地面高差并配以绿化使空间有了内外之分。设计中还最大程度地保证了整体空间的视觉通透性。空间动静关系明确，交通流线清晰。

3. 厨房设计

咖啡厅的规模和标准差别很大，后部厨房加工间的面积和功能也有很大区别。一些小型的咖啡厅，由于客席较少，经营的食品一般不在店内加工，多采用食品外购后存入冷藏柜、食品柜的做法，厨房仅有煮咖啡、热牛奶的小炉具及烤箱，对厨房要求简单。中大型咖啡厅多数自行加工，自行销售，并设有外卖，其饮食制作间需满足冷食制作和热食制作等加工程序的要求，因此厨房面积较大。

4. 咖啡厅室内色彩处理

咖啡厅的配色一般以稳重的色彩为主色调，特别是一些使人感到温馨、放松的色彩，如米黄色、淡褐色等，而一些高纯度的色彩，常出现在追求独特性的场所，否则是不宜大面积使用的。高纯度色彩还可以在空间的局部使用，借以调节氛围，塑造个性（图5-21）。

图 5-20　咖啡厅——吧台设计

图 5-21　咖啡厅——色彩设计

三、茶楼室内设计

茶楼是中国独有的传统文化形态，当代茶楼除了具有娱乐、休闲、社交活动等功能外，也逐渐成为人们交流的重要场所。茶楼作为中国传统文化的场所，应具有中国文化特色，因此茶楼的设计风格多以中式风格为主。

1. 风格特征

（1）仿古式风格。在装修、装饰、布局以及人物服饰、语言、动作、茶艺表演等方面都以传统为蓝本，在总体布局上展示传统文化的面貌。

（2）室内庭院式风格。以江南园林建筑为蓝本，结合茶艺及品茗环境等要求设立楼阁、曲径花丛、拱门回廊、小桥流水等（见本章引导案例 E-1）。

（3）现代式风格。现代式的风格比较多样性，往往根据经营者的志趣、爱好并结合房屋空间结构依势而建，各具特色。

（4）民俗式风格。室内风格以体现当地民俗为主线，形成鲜明的地方特色。

图 5-22 茶楼——仿古式风格

整体空间协调统一、古朴自然，古香古色的明式家具，不禁使饮者梦回远古，感叹人生（图 5-22）。

图 5-23 茶楼——现代式风格

图 5-23 中整体设计稳重大气，将传统元素的经典提炼并演变成新的设计符号，通过简洁的设计语言将充满茶香的文化空间与现代生活的距离拉近。

图 5-24 茶楼——民俗式风格

　　图 5-24 中的设计以江南传统的白墙、灰瓦为设计主题，配以涓涓流水上的一叶扁舟，使人仿佛置身于江南水乡的悠然境地，产生无限遐想。

2. 茶楼室内区域设计处理

茶楼主要由大厅和品茶室构成，大厅的构成以散座为主，若条件允许可在大厅设置表演台，既可进行茶艺表演又可进行传统民乐的演奏。品茶室中不用另设专用的茶艺表演台，而是采取桌上的方式来进行。

茶楼的布局应根据使用面积和具体结构特点来进行规划，主要区域包括散座区、厅座区、房座区（又称包厢）；辅助区域包括茶水房、茶点房、表演台、卫生间等（图5-25）。

（1）散座区。如大厅空间比较宽敞，每个散座单元视其茶桌大小可配置4～6把座椅，茶桌间最小距离宜为两把椅子的侧面宽度加上600mm，使客人能够进出自由。除了放置桌椅，还可以考虑小而精致的景观布置，于方寸之间显示自然风光（图5-26）。

（2）厅座区。为了满足客人对私密性的要求可在大厅局部设置纱幔、隔扇或屏风，围合成一个带有一定领域感的私人空间，在满足客人对私密性需求的同时，又带有视觉的通透性，使客人可以纵览空间全局。这个围合的私人空间也称作厅座（图5-27）。

图 5-25　茶楼——平面布局图

图 5-26　茶楼——不同布局的散座区

图 5-27　茶楼——不同装饰风格的厅座区

图5-28　茶楼——不同装饰风格的房座区

（3）房座区。房座区即包房区，相对于散座区更为讲究整体风格。目前茶馆常见的风格有中式风格、日式风格、休闲风格和混合风格。中式传统风格可配置精雕细刻的古典家具、雕花门窗、烛台、灯笼、古典丝绸及刺绣靠垫等，营造出一种传统的饮茶氛围；日式风格以体现古朴自然，简洁明快为宗旨，体现着"茶禅一味"的精神内涵，推拉门、榻榻米是日式风格不可或缺的装饰元素；休闲风格强调空间舒适，陈设以柔软为主；混合风格是将不同风格、不同造型、不同材质的家具和装饰整合在一起，追求个性化和审美冲突感，相互配合又相互影响，既趋于现代实用，又吸取传统特征（图5-28）。

（4）茶点房。茶点房的布置应分隔成内外两间，外间为供应间，面向茶楼的大厅，放置储存茶点盘、碗碟等的用具柜，以及干燥型和冷藏型两种食品柜。内间为茶点制作用房，如不制作茶点，则可进行简单布置，只需设置水槽、自来水龙头、洗涤工作台等。

（5）茶水房。茶水房的布置应分隔成内外两间，布局形式与茶点房相似。

3. 茶楼室内陈设处理

陈设的选择对茶楼氛围有着重要的影响，仿古式茶楼庄重优雅，庭院式茶楼幽静深邃，现代式茶楼前卫多变，民俗式茶楼地方气息浓郁。

茶楼的陈设布置主要有以下几种类型：

（1）自然型。自然型陈设布置重在自然之美，装饰陈设选择蓑衣、斗笠等，家具则会选择竹、藤、木、草等制品，让人有身临田野小舍，回归自然之感。

（2）文化型。文化性陈设重在渲染文化艺术氛围，四壁可点缀名人书画作品，室内布置与陈设应有美感，切忌艺术堆积、纷繁凌乱。

（3）民族、地域型。不同民族、不同地域都有着各自的民族文化和饮茶风格。民族、地域型布置可选择富有代表性的陈设来营造空间氛围。

（4）仿古型。仿古型陈设主要为了满足品茶者的怀古之情。仿古型布置多模仿明清式样。品茶室中挂有相关的画轴和茶联，下摆长茶几，上置花瓶，再加上八仙桌、太师椅，凸显怀旧的气息和内敛的氛围。

图 5-29 茶楼陈设——自然型

设计中巨大的榕树、传统的木桥、仿古砖与碎石铺设的小路，配以疏松的竹制茶座，让人有一种回归大自然的畅快（图 5-29）。

图 5-30 茶楼陈设——仿古型（1）

图 5-30 中的店面虽不奢华，却处处精良，墙面陈列的字画，颇具古风神韵。

图 5-31 茶楼陈设——仿古型（2）

茶室内古香古色的明清家具配以传统的中式陈设，仿佛走进了旧时官宦之家（图 5-31）。

四、会所室内设计

1. 会所的定义

从广义上解释，会所是指某一群体聚集交流的场所，其参与者包括以营利为目的的商业性企业和非商业盈利的团体。从狭义上讲，所谓的会所是指商业型企业单位，根据市场需求，设立以不同功能为目的的空间设施，根据场所的定位层次，制定与之相应的会员加入制度，采用封闭式、半封闭式或开放式经营模式，是促进社交的一种商业组织模式和城市生活场所。

2. 会所的经营模式

根据会所的经营模式，主要分为封闭式、半封闭式、开放式三种。

（1）封闭式。商业会所大多数采用此种经营模式，且入会费用昂贵，是专门为商业人士提供高档办公、洽谈、接见等服务的场所。一般商业会所的空间利用形式有：小型宴会形式、艺术展览形式、康体按摩休闲形式、舞会形式、运动健身形式、阅读休息形式等，以促进不同目标人群的交流。

（2）半封闭式。主要用于高端私人会所，并制定有限额的会员入会制度（一般入会费用昂贵），同时也有限度的对外开放。所以，在这种会所的空间设计中常设有专属会员空间和部分对外开放空间。根据区域设计空间的交通流线，尽量避免会员和外来消费者交叉，一般会设有会员专用通道。

（3）开放型。开放型经营模式的会所主要用于高、中端定位商业性会所，多采用无限额的会员入会制度。没有很高的门槛要求，适用于城市的中产阶级，一定数量的会员的消费即可维持会所的正常发展。

3. 会所的构成形态

按照会所的构成形态，主要分为复合式、独立式两种。

（1）复合式会所。复合式会所一般与商业写字楼结合，会的功能集中设置在某栋商业大厦的顶层或多层中，适用于商务型的会所空间，常常位于城市的中央商务区，空间设计的时代特征比较明显。

（2）独立式会所。独立式会所自成一体，不和其他公共建筑组合。这种会所受到外在环境因素的影响较小，能够根据空间的功能需要进行设计。与复合式的空间相比，其功能空间显得更加专业化，交通流线更流畅，空间组织也较为灵活。

独立式的会所空间中高端的私人会所占很大比重，其庭院的幽静，赋予了空间环境以人文气息。有时将部分室内空间延伸到室外，空间内外交融，借以表达设计的思想和空间的语言。

4. 会所的室内功能区域

会所是一个具有综合功能的空间，各空间是相对独立而又相互连接的关系。各部分因功能性质不同，表现在平面分区中的位置也不尽相同，根据功能主要可分为大堂展示空间、娱乐空间、餐饮空间、体育健身空间、文化空间等（图5-32）。

（1）大堂展示空间。大堂是整个会所的服务中心和交通枢纽，是表现会所整体形象最重要的功能部分。大堂应和娱乐、健身、餐饮、文化等区域联系方便，便于人流疏散，同时提供人们休息等候、咨询联系、收银结账等服务。因此，大堂与门厅入口紧密联系，居于会所交通的中心位置。

（2）娱乐空间。娱乐空间包括观演厅、歌舞厅、多功能厅等，位置宜设于会员便于到达的地方，与露天舞台连接相邻，便于在天气适宜的季节举行露天舞会、公益宣传和消夏晚会等。休闲空间包括SPA、保健按摩室、棋牌室等（图5-33）。

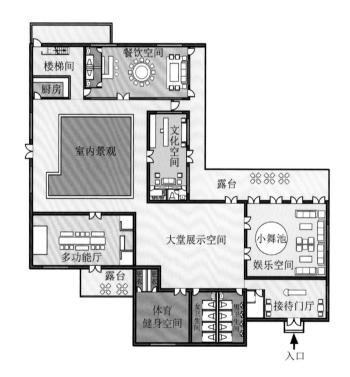

图5-32　会所——平面布局图

图 5-33 会所功能区域——娱乐空间

图 5-34 会所功能区域——大堂展示空间

图 5-34 中的会所以深色为设计元素，彰显富贵、豪华十之气。地面马赛克图案化的造型拼贴与天花板造型遥相呼应，钢琴的配置是画龙点睛之笔，为空间增添了几分优雅之气。

图 5-35　会所功能区域——体育健身空间

（3）餐饮空间。餐饮空间包括宴会厅、餐厅、咖啡厅、酒吧以及配套的厨房、储存间等设施。考虑餐饮空间的功能特点，宜设在主楼的一层便于出入的位置。因客流量大、营业时间长和客人出入无规律，在进行空间规划时，应考虑增设单独出入口，以防止物流与客流交叉。厨房应注意油烟排放和垃圾处理等细节。

（4）体育健身空间。体育健身空间包括游泳池、台球室、保龄球室、健身房等，空间尺度都比较大，在设计时应注意要有良好的采光条件，对个别体育项目应考虑单独布置，比如保龄球需要 30m 的空间长度，同时还要注意噪声处理，通常位于建筑底层或地下。此外，健身空间还应与桑拿房、按摩室等空间联系方便（图 5-35）。

（5）文化空间。文化空间的功能包括展示陈设、文艺创作、图书阅览、品茶小憩等。总体上该空间属于静态区域，在空间规划时应远离娱乐、健身等动态区域，做到动静分离，避免相互间的干扰。此外，良好的隔音也是该空间必不可少的重要环节。

图 5-36　会所功能区域——文化空间

设计以传统元素为基调，局部穿插的金属元素在造型上与空间风格相统一，通过材质的对比，使整体空间在儒雅中略带现代感，既有奢华感，又有禅意，散发着一种品味历史、品味传统、品味文化的感觉（图 5-36）。

5.会所室内空间的设计创意

（1）会所的布局处理

会所的主要功能以人的集合形态出现，是志同道合的人群聚会的场所，并通过休闲方式进行社会活动。因此，处理好空间布局首先要了解交往的"人"与"人"之间的关系问题，会所里的交流行为使人们的聚集与分隔尤为明显，这也要求了会所空间需体现 "实"与"透"的关系。

在会所设计中，"实"与"透"主要体现在公共空间与包间的区分上，公共空间通过不同设计手法的围合与隔离，又划分出透明空间、半透明空间、模糊空间以及实体空间，采用的透明程度主要取决于周围环境关系，以及视觉上和心理上的需求。

①透明空间。透明空间具有一定公共关系和社会关系要求，通透的视觉适合开放性的交流，主要用于会所的大堂、餐区、宴会厅、酒吧等。

图 5-37　会所布局——不同区域的透明空间

透明空间是外向性的，限定度和私密性较小，强调与周围环境的交流、渗透、融合（图5-37）。

图 5-38　会所布局——不同区域的半透明空间

　　图 5-38 通过非实体对局部界面进行象征性的心理暗示，形成一定的虚拟领域场所，以实现视觉与心理上的领域感。

②半透明空间。半透明空间的开放性大于私密性，主要用于朋友聚会或商务会谈。它满足一定的独享性，同时又不失与外界联系的心理需求，因此该空间设计可以安设一些隔断。从空间的闭塞关系出发，通常采用拉开座椅之间的尺度或调整座位间的角度，或是利用通透感强的软隔断、镂空的木隔断和磨砂玻璃等手段进行处理，使客人在交谈不被打扰的同时，又不会影响观景视线。

③实体空间。此类空间主要以包间形式为主，要求感观方面的隔绝，以满足客人私密独享的心理需求。强调安静、休闲、放松主题的康体休闲会所，大部分空间都采用这种形式，给客人提供完全私密的环境和服务。

图 5-39　会所布局——不同区域的实体空间

　　案例中的分隔形式使空间界面异常分明，达到隔离视线与声音的目的，具有很强的私密性与领域感（图5-39）。

（2）会所的照明处理

在会所的设计中，根据不同空间功能，采用不同的照明方式，使得光感给予空间活力，带来灵动性，同时区分空间的从属关系，营造出层次感，凸显建筑的体量。

①门厅空间照明。门厅的照明主要起到空间的过渡作用。光线分布要均匀，以体现良好的视觉导向性。从入口到门厅的照度应逐渐增加，使人可以逐渐适应由灰暗到明亮的过程。

②大堂展示空间照明。大堂展示空间通常采用整体照明和重点照明相结合的方式。在引导客人通往各个功能区域时，通过重点照明凸显空间主题，强调会所整体形象；通过与门厅照明的对比，强调空间的主次关系（图5-41）。

③娱乐空间照明。娱乐休闲空间的灯光更加注重光影变化，光色丰富多彩，常以动静结合的投射方式，迎合场所空间的特殊环境要求（图5-42）。

④餐饮空间照明。在餐饮空间照明设计中，通常以暖光色为主，整体照明与局部照明相结合，重点突出餐桌陈设。会所的餐厅设计也不例外，通过整体照明与局部照明的对比，利用光源照度的不同，虚拟划分空间的领域，营造一种柔和且私密的浪漫情调（图5-43）。

图5-40 会所照明——门厅

门厅区域照明设计应大方、庄重。常用筒灯或壁灯照明作为基础照明，光线柔美，照明效果清晰（图5-40）。

图5-41 会所照明——大堂

⑤文化空间照明。会所空间中的文化空间也是重要的组成部分，在照明形式上多采用人工照明与自然照明相结合的手法，运用大面积的落地窗或天窗把自然光线引入到室内，营造轻松休闲的空间环境。随着时间的变化，看似无形的光影，在满足照明需求的同时，成了塑造空间氛围不可缺少的元素，动感的光影丰富了空间内容，为空间带来了无法复制的变化。

图 5-42 会所照明——娱乐空间

图 5-43 会所照明——餐饮空间

图 5-44 会所照明——文化空间

文化空间在位置上应选择采光较好的空间，强调自然光的引入，在人工照明上要协调整体照明和局部照明的关系（图 5-44）。阅读的灯具可以考虑安装顶灯作为整体照明，显得朴实、清宁，书桌上应该配以台灯作为局部照明。墙面陈设的艺术品可进行装饰性照明，起到烘托气氛、营造空间环境的功效。

（3）会所的声环境处理

会所的声环境处理主要用于餐厅、SPA、酒吧、包间等空间。无论是追求娴静、神秘气氛的SPA，还是伴随激情热辣音乐的酒吧，或者追求领域感的包间，都离不开对声音环境的设计。如大厅的音响系统往往都是统一控制调节，音乐不宜音量过大，以避免过度喧哗而影响客人的休闲活动。会所包间的音量设有自由调节功能，包间在配有电视设备的情况下，应降低背景音乐所造成的干扰。在材料选择上可选用多孔板、地毯、壁纸等吸音材料，通过这些材料自身的声学特性巧妙地将声音控制与装饰应用结合在一起。

（4）会所的家具布置

家具的摆放应结合会所空间自身的性质和特点，确定合理的家具类型和数量。根据组织空间功能和交通路线区分空间的动、静区域进行摆设。分清家具主从关系，使之相互配合，主次分明。如会所的公共区域，大部分家具的使用都处于人际交往活动之中，家具的摆放应与实际活动流线的需要相匹配，以体现宴会欢聚、会议讨论、办公交往等内容。有时为了丰富空间的趣味性，可以采用不同家具的类型样式，客人可以根据自己的喜好进行选择。

会所也经常摆放长椅，与2人或4人餐桌结合，另一侧摆放单人座椅。当小型聚会时，可将多张桌子拼在一起以适应多人同餐。会所中的家具除了基本的功能属性外，也是空间感情的重要信息来源，如选用的造型、尺度、色彩、材料、质感都与会所的风格、层次定位、文化价值、时尚性相关联（图5-45、图5-46）。

图5-45　会所布置——家具布置（1）

图 5-46 会所布置——家具布置（2）

本章小结

　　本章对休闲娱乐空间室内环境进行了较为详尽的阐述，针对休闲娱乐的构成形式和环境特点进行了深入的分析，同时对不同类型的休闲娱乐空间室内各区域自身的功能、特点及设计要求进行了讲解，使学生无论从整体上还是个体上都对休闲娱乐空间室内设计有一个全面的了解，有助于学生针对不同类型休闲娱乐空间自身的特点及需求进行合理的空间方案设计。

◎思考与练习

1. 简要说明酒吧的区域处理包括哪些内容。

2. 如何用设计手法营造咖啡厅的环境气氛？

3. 结合实例说明茶楼的空间区域的组成。

4. 会所不同区域的照明设计是如何处理的。

第六章
商业空间室内设计

学习要点及目标

- 本章主要从多个方面对商业空间的室内设计进行全面详细的讲解。
- 通过本章学习，了解商业空间的环境构成特点、消费者的购物心理以及如何通过合理的设计激发消费者的购买欲望等知识内容。

引导案例：

　　商业空间为了保持自身的竞争力和吸引力必须定期进行更新升级，风格也因时而变，以追随时尚潮流和消费趋向为基础定位。人们的选择购买地点在某种程度上体现出了个性化的生活方式、素养和兴趣。大多数人会倾心于让自己感觉舒服的商业环境，拒绝走进与自身形象不协调的空间场所（案例F-1）。

案例 F-1 商业空间——服装专卖店室内设计

　　本案例为经营时尚女装的专卖店设计，该品牌素以简约经典、内敛平和的风格为主，表达穿着者的个性。

　　在空间环境设计上，玻璃的光滑和亚光不锈钢的晴朗线条，与面料的肌理质感产生强烈的对比，衬托出服装的柔软之感。浅色调的空间和木质材料的温和质感与服装本身的柔和色调相吻合，统一中不乏变化。实用美观的道具货架、应季更换的主题橱窗及趣味的小点缀等，与服装独到的细部处理和装饰遥相呼应。

　　错落有致而柔和的光影营造出一种轻松、写意的现代都市休闲氛围。休息区舒适的米黄色沙发纵横摆放，同时又能纵览全店，使顾客可以以最轻松、最惬意的心情在专卖店购物。

1. 橱窗

2. 商品展示区

3. 休息区

第一节 消费心理与购物环境

　　商业空间应以满足消费者的各种需要，更好地为消费者服务而设计。设计者不仅要了解消费者的心理，还要通过购物环境的设计引导消费者，使其产生购买动机。激发消费心理的方法多种多样，但若想做到"润物细无声"，商品陈列、柜台摆设和灯光照明、内外部装修及空间处理都是十分重要的。商业空间不单是为准备购买的消费者提供的空间，同时还应该为那些尚未产生购买动机的人们创造出能唤起购物欲望的、主动的、积极的空间。

一、消费心理

　　顾客消费行为的心理活动，是设计者必须了解的基本内容。人们的消费心理活动大致可分为三个过程：

1. 认知过程

　　认识商品、了解服务是购买行为的前提。商品的包装、陈列以及商业空间的装饰等，对消费者的进一步行动起着重要作用。

　　在这个过程中，商品本身和空间环境起诱导作用。如空间装饰、服务体系、橱窗展示、商品陈列、品牌以及广告宣传等，这些都会使消费者感到身心愉悦，产生购买的欲望（图6-1）。

图6-1　商业空间——婚纱店设计

2. 情感过程

情感过程是消费者在认知的基础上经过一系列的比较、分析、思考最终做出判断的心理过程。

在这个过程中，消费者把注意力全部投入到他所感兴趣的商品上。此后，通过对众多资料的筛选而产生了购买意向，并在进行了多次的比较后，作出是否购买的决定。

3. 意志过程

意志过程是通过认知过程和情感过程，使消费者有了明确的购买目的，最终实现购买心理的决定过程。

二、购物环境

顾客购物的环境与消费心理也有着密切的关系，完善、舒适的购物环境可以有效地激发消费者的购买动机。购物环境对消费者心理的影响可以大致分为两类：

1. 购物环境的可选择性

消费者在消费过程中存在着比较、选择的过程，且这一过程的满足能够促进消费的形成，其重要性不言而喻。所以大型购物环境中应具备多家商店、多种品牌、多种商品、多方面信息等，以便产生商业聚集效应。

2. 购物环境的标识性

在同一区域经营同一类商品的商店，只有通过设计独特的商店标识和门面、富有创意的橱窗和广告、富于新意的购物环境，才会给消费者留下深刻的记忆。同时，正是因为每个商店的独特性、新颖感和可识别性，才能形成商业街浓厚的商业氛围。

图 6-2　商业空间——标识性设计

　　新奇的商业建筑形象会引起消费者的好奇心，吸引他们进店光顾（图6-2）。

第二节 商业空间室内设计要点

商业空间室内设计既要表达出经营者的诉求、准确描述商品的定位，又要做到购物环境与顾客互动与交融，这是商业空间室内设计的核心追求，包含了许多功能要求和市场特色。商业空间的功能布局、空间形象表达、家具布置、灯光处理、色彩处理、材料使用等各个方面都要满足其特殊要求，以提高购物环境的舒适度，增加消费者的逗留机率，从而创造出一个轻松、舒适的购物环境。

一、商业空间的布局处理

商业空间中的每个商业零售空间都直接与大环境相结合，虽然每个空间构成各不相同，但一般来说都可以划分为三个基本区域：第一个是商品区域，如柜台、货架、橱窗等；第二个区域是服务区域，如收银台、试衣间、库房等；第三个区域是消费者区域，如人流通道、楼梯等。设计时要将这三大基本区域进行合理的布局，提高空间的有效使用面积，为消费者创建舒适的购物环境，使消费者获得除购物之外的精神和心理的满足（图6-3、图6-4）。

图6-3 商业空间布局——家居卖场设计（1）

图6-4 商业空间布局——家居卖场设计（2）

商业零售空间的平面布局分两种。一种是采用均衡的不对称方法来布置，以便根据需要划分空间，这种布置方法构图活泼，视觉效果丰富（图6-5）；另一种方法为相对对称的布置，虽不如第一种活跃，但由于采用的是相对对称的手法，也为空间添加了一份静中有动的感觉（图6-6）。

二、商业空间形象的表达

在商业空间中依据商品的特点确立一个主题，围绕它形成室内装饰的设计手法，创造出一种意境，可以给消费者深刻的感受和记忆。造型上独具特征的视觉形象会给人留下深刻的印象。

一些品牌专卖店将自己商品的标志设置于店面的门头、墙体、柜台、包装袋上，以强化消费者的印象。还有一些经营品牌较多的店铺会将所经营品牌的标志在空间中反复应用，以加深消费者的记忆（图6-7）。

图6-5 商业空间布局——均衡式

图6-6 商业空间布局——相对对称式

图6-7 商业空间——形象的表达

三、商业空间的家具处理

在室内空间环境中，家具组合、布置的合理性，以及家具与空间功能的协调性，都会直接影响空间环境的氛围。特别是在商业空间中，家具自身的特点、布局都对顾客的购买活动产生着直接的影响。

1. 商业空间中家具的特点

（1）实用性。现代商业空间中的家具讲究实用性，在实用的基础上兼顾审美。其主体功能是陈列商品，因此不但要符合商品陈列的尺度要求，同时还要与人体工程学结合，便于顾客观看、挑选（图6-8）。

（2）灵活性。利用家具对商业空间内部进行合理的划分、组织，使各区域分而不断，保持连续性，并形成一定的交通流线。当使用功能发生改变时，还可重新划分空间。

另外，现代化生产的组装式家具，可根据需要进行组合，自由调节家具的高度、宽度，并有各种五金件与之配套，使柜子、架子的灵活方便成为可能，为不同的商品陈列方式提供了可靠的载体（图6-9）。

图 6-8 商业空间家具特点——实用性

图 6-9 商业空间家具特点——灵活性

（3）美观性。家具自身的造型，为空间增添了形式美感，同时也提升了空间的艺术性。理想的家具布置要做到疏密有致、穿插错落，具有韵律感，形成形式美与秩序感的统一。

还必须注意的是陈列家具的目的是服务商品，其自身的造型特征由其所陈列的商品特性决定，本质是展示与保护商品的一种工具。家具的造型只能有助于加强商品的表现力，切忌华丽，应简朴雅致，突出商品。同时家具还应坚固、经济，设计需系列化、规格化，风格一致。

综上所述，我们可以看出，家具自身的特点对空间内部产生着巨大的作用。设计时应根据不同的设计对象、不同的条件，进行因地制宜地设计，才能发挥家具在商业空间内的作用。

图 6-10 商业空间家具特点——美观性

图 6-10 中，利用展示台将空间连贯起来，各展示台又可以移动形成各种不同的组合。

2. 商业空间中家具的布置

商业空间中的家具布置并非只顾及视觉要求的形式美，还要兼顾到室内空间在使用功能上的要求，满足视觉美感的需求。

（1）周边式。家具沿墙四周布置，留出中心位置，空间相对集中，易于顾客运动流线的组织（图6-11）。

（2）中心式。将家具布置在室内中心部位，留出周边空间，顾客运动流线在四周展开（图6-12）。

（3）单边式。将家具集中在一侧，留出另一侧空间。服务流线与顾客运动流线截然分开，功能分区明确，减少了相互间的干扰（图6-13）。

（4）走道式。将家具布置在室内两侧，中间留出走道。顾客运动流线容易产生相互干扰（图6-14）。

图6-11 家具布置——周边式

图6-12 家具布置——中心式

图6-13 家具布置——单边式

图6-14 家具布置——走道式

图 6-15 家具布置——自由式

（5）自由式。利用家具将空间分隔成若干区域，空间变化丰富而不杂乱，各区域分而不断，保持连续性，并形成一定的顾客运动流线（图 6-15）。

总之，在商业空间设计中进行家具布置时，不要拘泥于某种固定模式，而是按照顾客的运动流线，利用家具创造不同体量、不同形态、不同体积的多种空间效果，并使之渗透、交错、排列，借以营造各种氛围，满足商业性和时代性的需要。

案例 F-2 商业空间——专卖店设计

　　由于整体空间进深较长，所以通过设计将空间分为若干个小区域，以减少狭长的纵深感，进而获得良好的视觉效果，引导顾客到达店内的每个角落，合理地总体布局，扬长避短。简洁的木质陈设柜内设光源，突出所销售的商品。

1. 橱窗　　　　　2. 银台服务区

3. 商品陈列区

4. 引导区　　　　5. 试衣间

四、商业空间的照明处理

商业空间的照明既要保证商品在灯光下显示出最佳的光彩效果，还要保证顾客在店内走动时可以体验到不同层次的明亮度和聚光点。

商业空间照明通常包括三个层次。首先是重点照明，借以突出商品，是店内最亮的位置，照度为 200 ~ 500lx；其次是工作照明，主要照射服务区，如收银台、试衣间等，照度在 100 ~ 200lx，亮度弱于最亮处；最后是环境照明，主要用于引导顾客在空间中走动，亮度弱于产品和服务区的照明，照度在 75 ~ 150lx。

图 6-16　服饰专卖店——照明设计

案例中整体设计舒适、精雅，空间采用多种照明相结合的方式，以照明的手法引导人们对各种信息的感知（图6-16）。既体现了光源层次，形成不同的照明效果，又强调了室内的装饰效果，做到统一中蕴含变化。

1. 商业空间照明的注意事项

（1）注意色温与照度的关系。一般来讲，色温和照度应成正比例搭配，即高照度、高色温，反之亦然。但部分商业空间照明设计的习惯经常是色温很高，照度偏低，使空间陷入"阴沉"的气氛中。此方面在设计中要给予足够的重视，利用照度与色温的匹配关系，细致地营造适宜的空间气氛（图6-17、图6-18）。

（2）尽可能使用直接照明。光槽目前已经在各类商业空间的照明中被广泛地使用，甚至有些泛滥。随着照明灯具制造技术的发展，直接照明的方式已经能够避免眩光对视觉产生影响。所以，除非装饰性的要求，否则尽量避免采用间接照明，不仅会产生浪费，而且不便于维护（图6-19）。

图 6-17 商业空间照明
——低色温、低照度

图 6-18 商业空间照明
——高色温、高照度

图 6-19 商业空间照明——直射式

图 6-20 商业空间照明——同样色温的光源环境

整体空间采用色温一致的光源，使得简约的室内获得了极佳的最终效果（图 6-20）。

（3）使用同样色温的光源。同一功能区域、表面和物体，采用色温一致的光源，令光环境的色调统一。

2. 商品陈设与光源的位置关系

在商业空间中，往往通过光源强调商品形象，吸引顾客注意力，因此灯光的布置应集中到商品上，使之醒目，以刺激顾客的购买欲望。但在对商品的照明方式上，应视商品的具体条件以及光源位置进行合理的选择（图 6-21）。

（1）斜上方照射的光源。这种光源下的商品，像在阳光下一样，表现出极其自然的气氛。

（2）正上方照射的光源。这种光源可以制造出一种神秘气氛，高档、高价商品用此光源较适宜。

（3）正前方照射的光源。这种光源不能起到强调商品的作用。

（4）正后方照射的光源。在这种光源的照射下，商品的外轮廓异常鲜明，需要强调商品外形时可采用这种光源。

总之，商业空间的照明非常重要，通过照明突出店内商品自身的特征，吸引顾客注意，从而对销售产生巨大的影响。同时，合理的照明设计，既可以正确地使用能源，节约商业空间的运营成本，又可以对人们视力和健康进行保护，体现着以人为本的设计理念。

图 6-21 商品陈设与光源的位置
——不同方向的光源照射

五、商业空间的色彩处理

在商业空间中，空间色彩要与商品本身的色彩相配合，这就要求店内货架、柜台、陈列用具为商品销售提供色彩上的配合与支持，以起到衬托商品、吸引顾客的作用。如销售化妆品、时装、鞋帽、玩具等商品时，应选用淡雅、浅色调的陈列用具，以免掩盖商品的色彩，喧宾夺主（图6-22）；销售珠宝首饰、工艺品等商品时，可配用色彩浓艳、对比强烈的色调来显示商品的艺术效果。

在一些专卖店的设计中，通常会有标准色的出现，标准色是用来象征企业或商品特征的指定颜色，是标志、标准字及选产媒体的专用色彩，在企业信息传递的整体色彩计划中，具有明确的识别效应。当人们看到这种配色的标志或商品就会很容易联想到该品牌。

在商业空间中，合理的色彩处理能创造出诱人的环境气氛，提高商品的炫目程度，进而刺激顾客的购买欲望。

图 6-22 商业空间——色彩处理（1）

图 6-23 商业空间——色彩处理（2）

整个饰品店虽然面积不大，却令人感觉很精致。店内色彩明亮，搭配协调，亮丽、精心编排的饰品摆放得井然有序(图6-23)。

图 6-24　商业空间色彩处理——服饰卖场设计

　　图 6-24 中，橙、黄两色在环境中的运用并配以几何形的展台，使一个时尚、简约的空间呈现在眼前。

六、商业空间的装饰材料处理

装饰材料是丰富空间造型、渲染环境气氛的重要手段。商业空间内部装饰材料的处理是提升空间环境的有效方法，同时也是艺术风格的体现。好的商业环境设计一定有好的材质加以表现，这里说的"好材质"并不是指材料价格的昂贵，而是利用材料自身的质感，通过设计组合，合理的组织空间，弥补空间自身的不足，体现空间层次，形成视觉重点与视觉之美，借以烘托购物的环境气氛（图6-25）。

图6-25 商业空间材质处理——音响专卖店设计

装饰材料的质感组合对环境整体效果的作用不容忽视，要根据空间功能、艺术气氛来选择组合不同的材料。在越来越强调个性化的今天，装饰材料的质感表现将成为室内设计中空间材质运用的新焦点。装饰材料的肌理、色彩应具有视觉冲击力，使购物环境更加温馨、舒适。

因此，合理的选择装饰材料，巧妙运用施工工艺，不仅为设计构思的实现提供可行性，而且也将成为整个品牌形象的一个重要组成部分。在某种意义上可以说装饰材料与工艺决定了空间形成的成败。

图 6-26 商业空间材质处理——专卖店设计

整体空间在材质处理上充分发挥了材料原有的特征和人为加工的特点，选用不同的材质和处理方法，增加空间造型的变化，进而丰富视觉感受（图6-26）。

案例 F-3 商业空间——服饰品牌专卖店

这是一个来自美国纽约的品牌，它代表着一种文化和生活方式，追求自由、崇尚个性、永远充满青春与活力。不动声色地将品牌专卖店和酒吧合二为一，是本案例的成功之处。设计上力求与品牌的个性保持一致，艳丽的色彩、大面积的彩绘、金属材质与红砖的巧妙组合，在尽显高贵品质的同时又不失古朴本色。

第三节 商业零售空间设计

商业零售空间的每一个元素都会影响消费者的消费行为与体验。设计师应对这些功能性的元素深入了解，在可能的条件下，充分发挥其在空间中的作用，以期获得良好的使用功能与极佳的展示效果，借以达到吸引消费者，延长其停留时间的目的。

一、门面的设计

门面是吸引顾客的一个关键，主要任务是向潜在的消费者传达商店或品牌的精髓，诱发其"逛店"的猎奇心，让他们在走进商店、迈进店门的时候情不自禁地产生喜爱之情。另外，门面也为顾客提供了只看不买的机会，以此激发顾客购买所看到商品的欲望，达到招揽顾客，扩大销售的目的。

现代商业零售空间的门面设计通常使用外观简洁、明亮的落地玻璃窗直接延伸到招牌，标识运用现代化的字体进行展示，整体设计干净利落。这种门面设计信息单纯、集中，便于不同年龄、不同文化层次乃至不同语言国籍的消费者识别，使人一目了然（图6-27）。还有一些商业单元的门面采用具象造型的设计手法，这种生动的形象往往极富幽默感和人情味，潜移默化地影响着消费者的心理，吸引他们进入商店（图6-28）。

由此可见，门面设计的成功与否不仅能够吸引顾客，使其驻足停留，增加店内逗留时间，激发顾客潜在的购买欲望，客观上还能起到美化建筑立面、丰富街道景观的作用。

图 6-27 商业零售空间——门面设计（1）

图 6-28 商业零售空间——门面设计（2）

图 6-29 商业零售空间——门面设计（3）

图 6-29 中以欧式传统建筑风格作为店面形象，既体现了传统的艺术之美，又给人一种亲切华贵之感。

图 6-30 商业零售空间——橱窗设计（1）

卖场橱窗设计简洁、现代，尽显商品的特色，并配以相适应的 POP 广告，形成了一个优美的展示空间，借以激发顾客的购买欲望（图 6-30）。

图 6-31 商业零售空间——橱窗设计（2）

二、橱窗的设计

橱窗作为商业零售空间的重要组成部分，具有不可代替性。作为一种艺术表现，橱窗是吸引顾客的重要手段。顾客在进店之前，都要有意无意地浏览橱窗，所以，橱窗的设计与宣传对顾客的购买情绪有着重要影响。

橱窗的展示目的是创造一个难以忘却的视觉效果，并通过所展示的商品描述品牌价值，暗示拥有这些商品可以享受的生活方式，从而吸引顾客走进店内。从设计的角度出发，首先在使用的材料、照明方式和图样的表达上，橱窗展示必须与室内氛围和商品类型保持一致（图6-31）。其次，橱窗展示的尺寸以及商品的陈设方式必须与所展示的商品相匹配。例如，大件商品需要宽敞的橱窗，使顾客可以远观，而小件商品则需用与视线持平的高度展示，以便于顾客可以轻松地上前观看（图6-32）。

橱窗具有传递信息、展示商品、营造格调、吸引顾客等功能，它不仅是商业零售空间的重要组成部分，同时还起到渲染商业气氛、激发顾客购买欲望、引导消费潮流的作用。

图6-32　橱窗设计——不同大小的商品展示

三、招牌的设计

如今的招牌设计已从平面走向立体，从静态走向动态，造型丰富，不拘一格，主要内容为展现品牌标识、体现品牌文化，同时辅以人工光源等。招牌的位置通常设置于入口上部或两侧等重点部位上，也可单独进行设置，与建筑保持一定距离。无论采取哪种方式，其位置必须保证招牌整体完整、突出、明显，易于认读，并且与门面、橱窗紧密联系，共同构成建筑的整体外观（图6-33）。

图 6-33 商业零售空间——招牌设计（1）

图 6-34 商业零售空间
——招牌设计（2）

入口弧形展示墙以木框架围合，将整个卖场空间形象展示出来（图6-34）。简洁的线条与明快的色彩营造出舒适、轻松的购物氛围。

图 6-35 商业零售空间——招牌与门面结合（1）

新奇的商业建筑形象会引起消费者的好奇心，吸引其进店光顾（图 6-35）。

图 6-36 商业零售空间
——招牌与门面相结合（2）

图 6-36 中菱形镜面的招牌，配以色彩丰富的入口，给人以强烈的视觉冲击力，吸引顾客进店，激发其潜在购买欲望。

图6-37 商业零售空间——收银台设计（1）

图6-37中的收银台位于一面特色墙的前面，其内部装有照明设备，通过图样清楚地表明其功能。

图6-38 商业零售空间——收银台设计（2）

图6-39 商业零售空间——收银台设计（3）

四、店内的形态设计

（1）收银台的设计。收银台是商业零售空间内部的重要组成部分。

从功能角度上看，收银台主要用于收银、咨询、接听电话、储藏小件物品（如商品购物袋、图章、发票、服务员个人物品等）。但在外形处理上，相对于陈列台、货架等用于展示商品的背景家具，收银台更注重自身的展示效果，比如一些品牌专卖店的收银台，通常将品牌的VI视觉体系（如标志、标准色）用于收银台的设计，通过收银台的外形式样强调品牌特征，既体现了自身的品牌价值，同时也提升了整体内部空间的视觉效果。

在位置选择上，收银台相对比较灵活，既可以设置在空间两侧，也可以设置在空间后部，还可以设置在入口正前方主题墙前，只要不对顾客的购物产生干扰即可（图6-38、图6-39）。

（2）展台货架的设计（详见"本章第二节 商业空间室内设计要点一商业空间的家具处理"）。

（3）试衣间的设计。在以销售服装为主的商业零售空间中，试衣间设计可以说是一个重要的环节。作为顾客而言，买不买只有试了才能决定。而有些服装店铺对试衣间重视度明显不够，面积狭小，灯光昏暗，这就直接影响了顾客的试衣情绪，使得有的顾客不去试穿，只是简单的对着镜子观看一下效果，并没有引起顾客的购买欲望。所以，让顾客试衣舒适，提高购物兴趣，是试衣间设置的重要目的之一。

试衣间的占地面积以每间不低于 1m²，高度不低于 2m 为宜，数量应根据服装店铺的面积、顾客流量、服装的档次决定。通常中档、大众化和以折扣为主的服装店试衣间较多。高档品牌服装店，由于商品价值高，针对的顾客通常为少数精英人士，客流量相对较少，试衣间数量也相对少一些。其试衣间通常男、女分设，面积也比普通的服装店大。但无论服装店的档次高低，试衣间的墙面都要整洁，配有挂衣钩、搁物板、座凳等设施，并配以良好显色性的光源。试衣间内部最好安装镜子，以免顾客穿上效果不好的衣服时被他人看到。在面积条件允许的情况下，试衣间在造型方面可根据不同类型的服装设计出不同风格环境的试衣间，充分发挥其背景作用，以便更好地突出商品，激发顾客潜在的购买欲望。

（4）楼梯的设计。如果在商业零售空间中设有二层购物空间，那么楼梯的设计就变得非常重要了。楼梯犹如入口的延伸，具有引导顾客光临、驻足的作用，故应给人以舒适安全的感受。商业零售空间的楼梯设计应不同于一般公共空间。除了有目的的购买，在没有自动扶梯的情况下，一般消费者并不会主动上楼。所以，在保持和整个商业零售空间风格一致外，还要做到使顾客在浏览商品的同时能够很自然地过渡到上层空间，达到扩大销售的作用（图6-40）。

楼梯主要由梯梁、踏步、扶手及栏杆组成，若将这些主要构件有机地组合起来，将能设计出各种优美的造型。其中，扶手和栏杆起到维护和装饰的作用，常常是商业零售空间设计中的一个焦点，也是评定一个楼梯设计好坏的不可缺少的组成部分（图6-42、图6-43）。

图 6-40　商业零售空间——楼梯设计（1）

图 6-41　商业零售空间——楼梯设计（2）

在图 6-41 中，整个空间的楼梯和地面都是用花岗岩砌成的。在台阶和墙壁之间留出了一条开口，形成灯带，避免了台阶和墙壁之间的直接交叉。

图 6-42　商业零售空间——楼梯设计（3）

图 6-43　商业零售空间——楼梯设计（4）

案例分析 F-4：

　　本案例设计简洁、时尚，以色彩凸显品牌个性。整体以黑白作为空间主色调，以玻璃作为墙面装饰。室内造型方中有圆、圆中有方，予以服装刚柔并济的个性。墙角清晰可见的圆锥形长简吊灯，利用光与影的组合变化,造就了一个具有虚实对比的多彩画面。

案例 F-5 商业零售空间——服饰专卖店设计

　　该品牌专为年轻和打扮入时的女士设计。整体设计营造出一种 20 世纪 60 年代的怀旧味道。随意挂在墙上的服饰，也是特意为顾客塑造的一种家的感觉，使购物过程舒适、惬意。

案例 F-6 商业零售空间——家居卖场设计

  商店的布局为加长的、近似于矩形的设计。由于自然采光不足，设计师设计了一套悬挂在天花板的吊灯系统。灯光设计为线型，会在需要强光的地方有所加强，诸如展台。

  为了将装置和其他部件相统一，设计师将整个商店刷成白色。白色的家具使商店更显和谐，只有一些小的物件颜色不一，这使乳白色的空间内闪动着一些绚丽的色彩。

本章小结

　　本章对商业空间室内环境进行了较为详尽的阐述，综合性地介绍了商业空间的组织以及商业环境中消费者的心理特点，同时针对构成商业零售空间的各组成部分进行了系统的分析。使学生对商业空间设计有一个全面的了解，有助于丰富学生对商业空间设计的形象思维，并提高设计能力。

◎思考与练习

1. 消费者的购物心理与购物环境存在哪些关系。

2. 如何通过合理的设计激发消费者的购买欲望。

3. 吸引消费者，延长其停留时间在商业零售空间是如何体现的。

4. 如何创造一个轻松、舒适的购物环境？

参考文献

[1] 来增祥，陆震纬.室内设计原理 [M].北京：中国建筑工业出版社，1996.

[2] 孙皓.公共空间设计 [M].武汉：武汉大学出版社，2001.

[3] 任洪伟.餐饮空间设计 [M].北京：中国水利水电出版社，2013.

[4] 蔡强.酒店空间设计 [M].沈阳：辽宁科技出版社，2007.

[5] 蒋粤闽.休闲娱乐空间设计 [M].合肥：合肥工业大学出版社，2010.

[6] 奥罗拉·奎托.世界名店设计 [M].大连：大连理工大学出版社，2003.

[7] 高祥生.室内陈设设计 [M].南京：江苏科学技术出版社，2004.